職場快樂工作學

職場人的幸福選擇

〔推薦序1〕

發揮陽光般能量跟特質 用行動讓世界更美好

認識韻秋董事長與耀宗總經理多年，印象中每次看到韻秋董事長總是充滿陽光、朝氣，像小太陽般，一下子滿屋充滿著溫馨、歡樂的氛圍。兩夫妻於二十餘年前開始創業，投入清潔服務業後，慢慢將現代化的管理模式與服務精神導入家事服務工作，逐步改變了現代人對於家事服務工作的印象，不僅成功讓傳統「清潔歐巴桑」的刻板印象，轉型成擁有專業技術的精緻「家事服務管家」服務。

兩夫妻一直將管家們視為合作夥伴，並致力為家事服務管家重新創造了全新的職涯舞台及形象。韻秋董事長在前兩年才提及規劃要分四階段出版專書，讓大眾能更了解全新的媽咪樂企業文化及家事服務管家服務。去年便集結了媽咪樂二十五位管家的故事，出版了《做家事也能闖出一片天》，並深獲各界好評。沒想到今年又接到韻秋董事長來電，表示又要再出版第二本專書，韻秋董事長的高效率與企業執行力可見一斑。

這次媽咪樂第二本專書接續第一本金牌管家達人的故事，帶領讀者深入了解認識媽咪樂「以人為本，以服務為中心，樂於工作」的幸福職場企業文化，讓我深有同感，歐都納創業四十二年以來，一直相信，有良好的夥伴關係，才能夠將公司的營業績效做好。韻秋董事長與耀宗總經理在歷經台灣經濟風暴中茁壯成長，創造出全新家事服務集團，實屬不易，如今更將企業成長的動力轉化文字與大眾分享，希望能感染更多的工作者，對家事服務工作有全新的認識，並投入家事服務領域。

誠如林語堂先生所說：「生活是一種藝術，藝術是創造，也是消遣！」我始終堅信：工作應是要愛己所做，做己所愛，唯有對自己對事業的堅持與熱愛，還有許多的夥伴與家庭，以及使這個企業矗立已久的中堅信念，方能樂於工作。衷心祝福韻秋董事長與耀宗總經理和其優秀的工作夥伴們，發揮充滿正能量的活力與熱情服務的精神，持續帶領媽咪樂，為大眾提供更棒的家事服務體驗，用行動讓世界、生活更美好！

歐都納股份有限公司董事長
程鯤

〔推薦序2〕

滿是創意設計師　美學代言人　啦啦隊長的大家庭

居家服務業是一個扮演著客戶與服務者間的溝通橋樑角色，協調者本身的心理建設要夠強壯，才能讓自己在溝通與協調的過程不會陷入「情緒勒索」的無窮迴圈中。看到《職場快樂工作學》中二十多位快樂工作者用專業及敬業的態度，試著「把美感帶給眾人」，分享著客戶「六星級精緻服務」的感動，與需求者間「達到共好與三贏」的信念，一方面扮演著橋樑的角色，一方面在工作中發掘樂趣與喜悅來讓自己的心靈堅強，我的思緒一下子走到很深、很遠。

環境服務的實做有它迷人之處，雖然我在北部唸大學，我的小舅舅常常很自豪地和我談到東海的勞作教育。讓溫和的他臉上浮起一片光彩的，居然是他唸大學時每週四小時的開墾、清掃工作!?

自以為很了解他個性的我，從國小中年級起，常聽家裡的親朋好友與外婆家的鄰居反覆說：「你長得和你小舅舅一模一樣。」、「你動作與個性非常像小舅舅。」讓好奇蔡詩東博士這位斯文學人，一九五六年進東海大學物理系、一九六〇年畢業後留校任教、一九六九年獲普林斯頓大學電漿體物理博士學位、一九八五年起任中國電漿體研究會主席、一九八六年任中國全國政協委員、一九九五年當選中國科學院院士，他怎會用如此豐富感情追憶勞作教育？

三年前，忍不住上網查看東海的勞作教育史：一九五五年十一月二日是東海大學創校開學日，開學典禮完，隨即全校實施勞作。僕人領袖的思惟是——工作中能體驗到讓自己學習環境變整潔的快樂，自己動手營造優質美觀的情境。

我想起在美國唸書的日子，每天清晨兩點，總會在史丹佛大學商學院見到那位老先生，輕聲吹著口哨，熟練優雅地處理垃圾、擦拭、吸地毯、清潔。清晨兩點，和我共用研究室那位已經在普林斯頓拿過博士、當時刻正攻讀他第二個博士學位的小天才好友闞睿已經回家呼呼大睡，別間研究室也都空蕩蕩……。

有時我正身處粗心造成程式語言瑕疵，執行了四、五天卻跑出錯誤結果的焦急；有時我正愁某某理論的數學還沒推導出來，但是七小時以後的研討課就要帶全班同學討論兩整篇論文，開始怪自己明知道上台報告在即，週末卻貪玩去郊區採桃李杏梨。可是那老先生一進到博士生研究室，他那親切笑容很快會給我安定力量，閒聊中，我感覺有忘年朋友在支持。

畢業前，老先生依依不捨說他年事已高，要回菲律賓去了。我真心地勸他留下來：「可是您可以鼓舞學子，可以用您的敬業態度，提醒老、少博士生，該用愉悅心情，細膩發掘去感受勞心勞力的樂趣。」

東海ＥＭＢＡ感恩會上，一〇四週末班紀懿玲給我這份散發愉悅敬業思惟的書稿，很開心能夠讀到一篇篇真實的個人故事。我以為，媽咪樂的管家能夠「將做家事的心得用在工作上；將工作所見所學用在家事上」。而《職場快樂工作學》中，的二十餘位快樂工作者，能「用心去體會每位管家工作中的美學藝術，去感受每個家庭對幸福的殷切期望」。用以搭建起一座座美的溝通橋樑，自有其規模經濟，相得益彰。

居家清潔業是一個「為家庭帶來幸福與美感的事業」，媽咪樂在想要有潔淨舒適家庭卻一時力有未逮的需求者們之間，扮演橋樑與平台的重要角色，媽咪樂的工作者能在一件件的任務中，去發掘工作中的樂趣與成就，為無數的家庭帶來幸福與美感，她們是影響深遠的創意設計師、美學代言人、啦啦隊長。

美國史丹佛大學商學院博士、東海大學管理學院院長
林修葳

〔作者序〕
適才適所 打造「樂於工作」的幸福職場

何謂「幸福的職場」？什麼樣的組織與氛圍能讓人樂於工作、快樂工作？身為經營者，無論扮演哪一種角色，我始終思考著這個問題。是優渥的薪資福利，還是公司規模、組織文化呢？然而，經過多年投入經營領域的反覆驗證，「幸福」，其實是一種相當個人化且主觀的想法，同樣一套的規範制度，並不一定適用於所有人，因此，找到對的人，給予舞台和揮灑空間，讓夥伴們找到自己的定位，從認同公司、願意投入到自我價值的實現，進而對公司產生貢獻，成為媽咪樂營造幸福職場的理念宗旨。因為，每個人都是獨一無二的，在這裡，也要感謝成就這本書的二十一位夥伴，帶來二十一個樂於工作的精采演繹。

高效率的團隊，需要廣納不同領域的優秀人才，因產業屬性的關係，多數人對於清潔業多少抱持著傳統的刻板印象，因此，媽咪樂身為居家清潔產業的領頭羊，對於該產業及從業的人員，我們肩負一定的社會責任；然而，這樣的任務並非一蹴可及，我們必須以身作則，從自己開始，致力於幸福職場的營造，因為，我們強烈地認知到，媽咪樂是精緻服務的提供者、產業轉型的開創者，公司的產品必須透過人的傳遞來完成，從總公司內勤團隊、管家到客戶，人與人之間的關係緊密相扣，牽一髮而動全身，因此，「以人為本，創造三方的最高價值」，是一直以來堅持的組織理念及經營宗旨。

然而，如何貫徹執行，將其信念，滲透組織內外，進而外顯成為品牌價值呢？這樣的過程，需要團隊持續不斷的努力與投入，因為管理「人」這件事，從來就不是件容易的事，絕非單方面的作為就能夠達成，必須營造出一個正向循環的職場環境，讓願意投入的人得以貢獻所長；讓積極努力的人能滿足其所需，公司的每個人都擁有相同的信念及方向，將自己的價值極大化，才能真正帶動公司的成長及突破，

這也是媽咪樂持續透過文字所欲傳達的理念，讓每一位夥伴都有機會成為自己職場生涯的主角。

繼去（二〇一六）年出版《做家事也能闖出一片天》帶出金牌管家的心路歷程，媽咪樂深感友善的職場環境對於個人的重要性及使命感，今年再度以內勤團隊為主軸，出版《職場快樂工作學》，藉由二十一位優秀的夥伴，分享自身如何在職場中找到自己的定位，進而樂於工作。期待讀者也能從本書中，找到屬於您自己的幸福職場。

職場快樂工作學
目錄

第五篇

勇於突破樂觀進取

第一篇
共同打造美好願景

「以人為本」與科技連結 造就無限未來
（總公司 紀懿玲 營運長）

懂得授權與放手 共同打造大未來
（南高雄 鄭素美 店經理）

深刻體會樂在工作 致力提升業界地位
（總公司 陳惠千 專案經理）

打造幸福企業 實現自我價值
（總公司 蘇姵菁 人資部經理）

「以人為本」與科技連結　造就無限未來

紀懿玲

◎職稱：總公司營運長
◎到職日：二〇〇七年十二月三日

揮別住了十九年的台北，回到當時對懿玲而言已經有點陌生的高雄，那是十年前的事了，有別於北部生活步調的緊湊及都市的繁忙擁擠，南部的步調是和緩的，或許是一年四季的好天氣，加上隨處可見的綠意，人們的臉上少了點緊繃，多的是豁達開朗的熱情，而這個「溫度」正是居家服務業必要的元素之一。

推動e化 以人為本建立資訊化基礎

居家清潔業正是一個用溫度互動、用知識輔助專業的幸福事業。

由於懿玲以前的工作背景，是系統開發導入及整合企業內部的流程制度，來到媽咪樂初期，也是以此為主要的工作任務，並著手推動讓居家清潔人員的派工轉往網路的模式，也由那時起，「使用電腦」變成媽咪樂所有清潔服務人員的基本必備能力；在當時，她最常聽到的是：「我只是來做清潔的，為何要使用電腦？」而那時她最慣常回答的也是：「我們不是在找清潔工喔！我們在找能為居家打理出舒適健康環境的專業人員。」

她沒有針對使用電腦的好處給予制式的答案，而是讓對方明白她即將扮演的是能創造更高價值的專業角色；人唯有先認同了自己所扮演的角色，才能由工作中找到樂趣與成就，也才會願意試著用各種方式來讓自己學習與成長。

親自涉入駐點管理　走出寬廣的路

幾年前，因為駐點主管出缺，她在因緣際會下接管了台南駐點的管理，這是她首次接觸現場的實務操作，於此，她不得不佩服龍總經理的勇氣，因為在那之前她從未接觸過駐點的實務經營與管理，要如何接受這個挑戰？

其實由策劃者轉為實務參與者，開始跟著排班調度做業務接洽，二者雖是截然不同的領域，但反而使她能夠由實務的經營中去落實及驗證想法的可行度，由於追根究底的個性使然，透過發掘流程瓶頸，並進而設計及解決問題的她，有時候往往一輪訪談研究下來，反而比使用者更熟悉她們的流程規範與操作手法，同時還能將這些知識內化轉成教材與制度規章，這也是從未從事居家清潔產業的懿玲，可以快速接手駐點的原因。

在二〇一〇年時，基於公司業務拓展做了組織重整，有了台南的實務操作經驗後，她接受徵召再度回到高雄，協助將高雄的營業單位切割成三大營業處，並親自接管其中一個營業處；此後的好幾年，她常態性地輔助各地駐點的開設、整頓、培訓與輔導，現場工作的深度參與，使她深入另外一種不同的業態，也讓路走得更寬廣。

在營業單位的深耕，讓她明白很多專業的導入不是愈新愈好，當下還要考量周邊的人事物，也就是要顧及公司的文化、環境與規模，並非只是盲目地急著要導入或變革某些事，更不適合貿然把外界的管理框架硬要套上既有的組織，否則失敗的機率是很高的。

駐點的事務與她原來本職的任務是不同的，當初為何要接手？首先她感謝當年龍總經理的授權與信任，其次她提到：「在職場上讓自己保持豁達不計較的心是很重要的」；不少人會為了「這不是我的職務該做的事」而有所抱怨或甚至憤而離職，也有不少人跟著習慣走，只想做好此刻熟悉的事，對於新的改變無意去嘗試，這些思惟在無形中成了阻礙個人成就與發展的元凶。

一個人在職場上走的路若能愈來愈寬廣，工作中才能不斷獲得喜悅與成就，也才足以成為支撐自己繼續堅持下去的力量。

提升員工自我認同 創造專業價值

居家清潔產業跟懿玲過去所待的資訊服務業，是完全截然不同的產業，過去接觸的人多是涉入資訊化相當深的族群，不少人有著高學歷及令人稱羨的頭銜職務，但來到這個產業後，她發現多數從業者，在自我認同及社會認同的方面是相當薄弱的。

她記得有一年事業部門要重新劃分，負責居家清潔工作的同仁，須由原來的工程公司轉調到居家清潔公司，當時管家A君跑去問她：「可不可以我照做居家清潔，但不要換到居家清潔公司？」為何呢？A君說：「以前我告訴人家我在工程公司上班，但轉到清潔公司後，人家就都會知道我在做清潔了。」

換言之，A君並不想讓人知道她在居家清潔公司上班，會有這種想法在當時並不令人訝異，畢竟從來不會有人想把清潔工作當作是生涯規劃中的一部分，要如何讓從業人員認同自我的價值？成了這個事業最大的挑戰。

在推動員工持續成長及自我認同的課題上，媽咪樂投注了相當大的資源與人力，外界多數清潔從業人員入行後，囿於環境難以持續精進，但媽咪樂的員工入職後，由技術到溝通，由實作到觀念引導，學習未曾中斷，甚至表現優秀的清潔從業人員，還會被安排去參與卡內基課程的培訓。

懿玲認為當團隊的優質學習文化一旦養成，後進者將會跟隨，團隊中的人就有較高的機會在職場上發揮，旁人引以為苦的挑戰，在這些人眼裡，反而成了發掘成就的一種樂趣來源；她提到，有一次管家B君很高興地跑來跟她分享：「今

天到客戶家時，客戶笑容滿面地跟我打招呼，還端茶給我喝吔！」她問B君喝個茶為何這麼高興？

原來客戶對B君的態度素來冷淡，初期B君以為客戶不認同她的服務，受挫感很重，每逢到客戶家服務壓力就很大，但因為團隊中的伙伴長期以來的學習，都是互相提醒「要正面，少抱怨」，所以她決定由改變自己開始。

每次見到客戶就用很開朗、很有朝氣的聲音跟客戶打招呼，不畏懼客戶回應的冷淡，跟客戶做好每一次服務的溝通，帶有溫度的問候，久了，即使冰山也會融化吧！讓B君開心的不在於那杯茶，在於那杯茶背後的暖意與認同，也在於團隊學習的感染力。

協助他人成功 是樂趣與成就的來源動力

沒有什麼比實際參與的效果更好了，為了鼓勵優秀的管家透過任務的參與來精進及學習領導，懿玲常必須想一些方法來讓管家主動認養任務，甚至讓她們進而把它當成是一種責任，時至今日，管家淑英還常開玩笑說：「營運長當年都挖洞給我們跳。」其實那時懿玲自己也在學習，在協助他人成長的同時，也在成就自己。

事後，當年那些一起互動堅持過來的管家，陸續在團隊中發揮另類的專長與影響力，懿玲舉例：管家珊珊是自行車好手，逢假日跟著車隊動輒近百公里的遠征，並常帶著大家路跑，把運動風氣帶進了團隊；教學嚴謹的惠敏，經常邀約同仁聆聽演講或活動，把學習風氣帶入團隊；在眾人面前講話會緊張的玉嬌，如今是課堂上的教學好手，在小組領導上呈現充分的專家權威；七年前還是廚務助手的淑英，如今有能力到學校指導學生清潔實務技巧，好學的麒育則參與卡內基課程，廣泛地涉獵各種領域知識，透過以身作則來引導小組成員。

大家都是由基層管家做起，一路堅持過來，不僅在工作上有著小小的成就，也因為旁人的認同，在團隊裡間接發揮了某種程度的正向感染力。看著同仁由入職時的生澀，到領導團隊為自己闖出一片天，能協助他人獲得成功與成長，不也是成就與樂趣的動力來源嗎？

東海就讀EMBA轉換思惟括展視野

以往在北部，懿玲就有學習上課的習慣，初期在淡大城區部的碩士學分班進修，去學校上課對她而言，也是一種逼自己提早下班的方法，那時她在資訊服務業，凌晨二點伴著星星回家是常態，她記得有一回六點下班趕著要去上課，遇到一位難得準時下班的同事，該名同事看著她嘆了一口氣說：「已經好久沒有看著太陽下班了。」是啊！當時她們看著落日的餘暉相顧而笑，沒上課的日子就是數著深夜的路燈回家的。

回到高雄後，日子在忙碌中過去，直到二〇一四年，終於有機會去到東海就讀EMBA，問到學習的想法還跟當年一樣嗎？

她表示：「是學習的角度不同了吧?!」EMBA的學長們都是來自各種不同領域的經營者或成功者，有著不同的人生歷練及看事的角度，EMBA把來自各種領域的佼佼者聚在一起，再由教授們把大家的專業進行連結，每次課堂上的報告或專題演講，都能聽到獨特的觀點或不同領域的思惟，在那裡，她更能體會到世界是無限寬廣，她打趣道：「怪不得有教授說，有不少學長姐們讀完EMBA後就直接被挖角跳槽了。」

平台經濟興起　以科技連結未來

共享經濟、平台經濟、ＡＩ、機器人……，這些當代的主流議題，莫不是試著以科技來解決千百年來人類的問題，透過大數據的分析，精準地預測了人類的某些消費行為，為人帶來高效率的便利，當所有的思緒與行為，都轉化成了0與1的組合後，當然也為「人」的工作權及生存權，帶來了某種被取代的危機感。

在居家清潔公司上班，懿玲常被問到「居家服務的工作未來會不會被機器人取代掉」？但相對地，她反問：「即使沒有機器人來攪局，我們現在所做的事，哪些是有價值能被客戶認同的？哪些讓我們具備有不可被取代性？」

時代的趨勢固然銳不可擋，但人與人之間發自內心的真誠與關懷，是難以被科技取代的，當電話一接通，聽到一句帶有暖度的「媽咪樂，您好！」相較起電話的另一頭傳來的冰冷電腦語音，相信讓人頓時心安了不少，懿玲認為：「這種與人互動的『溫度』，將是『人』未來最大的優勢與價值所在。」

她認為在不久後的未來，或許擁有高度人工智慧的機器人，會幫我們做家事，並對著我們噓寒問暖表達關懷，但我們的心中難免有著遺憾，畢竟那貼心的問候，只是透過一連串複雜的邏輯運算所產出的結果而已，終究難以與人發自內心的溫情劃上等號，但這也彰顯了居家服務領域的發展，若能以人為本，以科技為輔，將可發揮極大的力量。

對於平台經濟的競爭，懿玲表示：「當科技降低了人為的效率損耗後，人就有了多餘的能量來強化與人的互動，將人的溫度與科技做緊密連結的商業行為模式，將是未來居家服務業者，是否能長期生存穩定發展的重要因素；換言之，『以人為本』連結科技所創造的優勢，將可為『人』造就無限寬廣的未來。」

懂得授權與放手　共同打造大未來

鄭素美
◎職稱：南高雄分公司駐點經理
◎到職日：二〇一三年九月二日

「我把自己當作是一家公司在經營。」南高雄分公司駐點經理鄭素美說。她不斷地離開舒適圈，讓自己成長，希望在工作團隊中塑造個人品牌，建立存在價值；而在這裡，工作與家庭是可以兼顧的，身為駐點的領導者，更要學會放心、放手，有些事不必親力親為，放心交給別人，讓自己有時間去思考更重要的事！

讓名字成最佳品牌 大家一起學習成長

駐點經理最主要工作就是達成目標，如何創造績效？如何分配工作？……等，面對客戶端的專員，如果遇到解決不了的問題，就由她出面處理，還有管家的培訓與招募，都靠駐點經理運籌帷幄。素美經常和同仁們分享心得，也會不定時和大家討論工作態度，她認為每個人都是創業者，也都應該把自己當作一人公司來經營，也就是說這家公司的興盛榮衰，和自己的努力與表現有極大關連性，作為這家的CEO，需要不斷地提升自己的能力，行銷自己的品牌，最終讓自己這間公司的價值愈來愈高！

加入媽咪樂團隊近四年的她，之前是在速食店工作，也曾在藥妝店上班，結婚後，有了孩子，由於服務業的工作時間太長又不固定，也沒有公婆可以替手，就決定辭去工作，找一個正常上、下班又可以週休二日的工作。

後來，素美無意中接到媽咪樂求才的電子郵件，由於符合工作時間和見紅就休的理想，便決定前往試試。幸運通過面試考核，進入媽咪樂擔任專員，表現優異，一路受到肯定，從專員升到駐點經理，素美表示，專員的工作比較單純，就是服務客戶、解決客戶的問題，恰好適合她細心、有責任感的個性，所以相當上手；但升上經理之後，素美無形中有了壓力：「我從沒有想過要當領導者，只是秉持著做好本分內的工作，盡心盡力而已。」

視野更高想法更廣　努力提升產業地位

現在的素美，不一樣了，以前客服端的範圍比較小，想的、看的都比較淺，現在當了經理，

視野變得更宏觀，更要擁有拓展業務的想法及理念，為公司駐點擘劃具前瞻性、更寬廣的未來。

「以前我只有二十名管家，現在有四十五名，業務量等於擴增了一倍以上。」素美說：「對客戶端還好，很單純，但如果管理人就得要更慎重，管家有各自的想法，不僅要兼顧升遷、薪水，更重要的是要兼顧管家的心情，相對而言比較會有壓力，另外，如何關心管家的身體、貼近其心靈，也是一門大學問。」

為了讓管家更有認同感，公司也會舉辦烤肉等活動，大夥兒一起同樂，素美也經常帶家人參與活動，使其能夠體會職務內容，也更加了解國內居家清潔產業，像女兒從小就很認同她的工作，還說希望自己長大後也能到媽咪樂工作呢！

素美表示，她會善用具備責任感的個人特質，將工作做到盡善盡美。身為家中長女，父母又忙於工作，她從國小就得幫忙洗碗、煮飯，並且照顧弟弟和妹妹，所以對任何事情都抱持著作為老大的責任感，在工作表現上也不例外，一直相當敬業，對於主管交辦的任務，一定會全力以赴，盡量做到最完美的程度，不負所託。

發揮潛能激盪火花　肯定創意彼此共好

以前在速食店等服務業當店長或主管，充其量最多是個管理階層，主導店務的能力並不強，可以發揮的地方有限，因為連鎖企業大都有一套固定的流程；但來到媽咪樂之後，覺得自己有相當大的發揮空間，且接受的磨練愈多，能力愈提升，特別是公司提供員工接受卡內基訓練，讓她有自信可以獨當一面勝任駐點經理的職務，亦覺得自己更懂得如何帶人，尤其是鼓勵同仁們勇敢嘗試不同的做法，並且接受創新和創意。「我會一面做，一面修正，同時也是這麼鼓勵同仁，希望大家都能盡情發揮，激盪出精采的火花。」素美說。

在媽咪樂要做個稱職的主管，激勵是相當重要的功課，要協助同仁規劃未來，增強競爭能力，所以素美遇到問題經常會打破砂鍋問到底，也會天馬行空地發揮創意，提供與眾不同的想法給各部門，因為她知道，這些建議都是可以被包容、被認真看待的，甚至如果總公司覺得可行，也會同意她去試試看，這在以前的工作上，根本是不可能發生的事情！

在媽咪樂，最令素美印象深刻的是同事的互相信任與彼此幫忙，而且都是主動協助，讓人感受到這個公司團隊的「溫度」。

「我覺得氣氛跟其他公司比較起來，非常不一樣！」素美說：「我們公司的文化就是遇到問題會互相幫忙，資深員工會帶著新進同仁面對問題、解決問題，而且『全部教，不藏私』！大家彼此不會將競爭擺在前頭，而是要呈現共好，一起變得更強！」在媽咪樂，公司會依各人專長，給予不同的舞台和空間，在共同的目標下一起努力，共同品嚐美好的果實！

懂得授權學會放手　管理時間重視健康

「個人管理上的特質是——會給個大方向，但不會立刻給詳細的做法，鼓勵同仁自己去思考、去想辦法。」素美舉例說：「如果有專員來詢問事情時，我不會立刻將答案告訴對方，而是會鼓勵他們先規劃或思考問題的三個方案，如此，可以讓專員有更多思考的空間，也不會浪費自己太多的時間，甚至彼此也會出現更多意想不到的創意。」

素美說：「大部分的主管因為不放心，導致不放手，結果最後什麼都得自己來，反而變成無法再撥出時間去做更重要的事，因為做了太多瑣事，導致無法做大事！」在工作上學習到懂得授權、學會放心，這是讓她感覺在職場上受益最多之處。

媽咪樂講求工作效率，因此員工上班都要集中精神處理事情，同事間幾乎都不會聊八卦，全心全力在工作上，除了展現高度的工作成效，當然也少有勾心鬥角的情形發生。

「老闆一直在強調時間管理，要去評估做這件事情的價值，如果不需要親自處理，就不需要自己動手去做，就算要自己來，也要儘量在時間內完成，完成之後，更要趕快去運動、看書。」素美笑著說：「別家老闆都希望員工留在辦公室愈久愈好，但我們老闆卻不要我們老是留在辦公室，一直鼓勵我們趕快去運動、看書！」她還透露，老闆規定員工每週至少要跑十五公里，並且透過手機ＡＰＰ的統計，記錄一週的運動量，再上傳給群組，讓員工也跟著重視自己的健康；而要求員工看書則是為了自我成長與訓練思考，才能在快速變動的社會中維持競爭力。

未來商機大有可為 力推認證促進升級

談到未來，素美認真道：「能夠來到媽咪樂，彷彿是冥冥當中注定的，真的很神奇，因為不識字的媽媽，一輩子的工作就是當私人管家，沒想到如今我也進來居家服務產業，自覺相當有趣，也更能夠站在管家的立場、了解管家的想法，更希望能夠透過自己的努力，和公司一起提升國內居家服務產業的品質與地位。」

「媽咪樂徵人很嚴格，能進駐團隊的，一定是菁英，未來居家清潔市場很大，如能再拓展證照制度，前途將大為看好。希望媽咪樂能開拓更多的駐點，培養更多的人才，一起來打拚。」素美強調，居家清潔市場未來的商機無限大，許多人常認為做家事不難，整理打掃誰不會？但事實上，做家事是門很深的學問，像地板的材質、藥劑的酸鹼度……等等，都是要具備一定的知識，絕對是很專業的行業，因此，她很認同媽咪樂力推的認證制度，如此一來，不但可以提高管家的收入和地位，更能夠促進產業升級，為國內居家清潔產業開啟一個感動服務的時代！

深刻體會樂在工作　致力提升業界地位

陳惠千
◎職稱：總公司專案經理
◎到職日：二〇〇七年五月二日

長得一副娃娃臉，外表看起來相當年輕的媽咪樂總公司專案經理陳惠千，初見面很難相信已有豐富的職場經驗，且在媽咪樂服務邁入第十一個年頭，不過，當她一開口侃侃而談，便顯現出高度的專業和能力。目前負責規劃「訓練認證學院」的她，滿懷信心地表示：「建立國家與社會肯定的『家事服務能力』認證檢定機制，為清潔從事人員塑造專業的技術形象，促進家事服務產業升級，一直是媽咪樂努力的願景，未來將會一步步地落實！」

職場表現優異 卻得忍痛告別

在學校主修工業管理，進入社會的首份工作是擔任電子零件公司的採購人員，然後轉入科建管理顧問公司。在科建，惠千的角色雖然只是業務助理，但對內負責協助顧問，對外則連結中小企業各家廠商，並且推廣課程，還經常擔綱主持工作，練就站上小舞台的能力；不過，由於感覺工作內容千篇一律，後來便毅然離職，嘗試其他磨練。

審視自己的個性與興趣，惠千想要加強與人洽談的能力，因此，轉行進入保險業界近兩年，強化這方面的自我訓練。之後，她再度投入企管顧問領域，在亞碩管理顧問南部分公司擔任專案經理。

在亞碩，惠千獲得前所未有的成就感，工作能力備受肯定，得以全心在公司給予的大舞台上發揮，儼然成為親友眼中的「事業女強人」。然而，人前卓越優秀的形象，背後所付出的代價竟是「健康」！她經常挑燈夜戰撰寫企劃案，隔天再至高科技公司面對一群科技菁英提案，所有的訓練案、輔導案都是從無到有，全由她一個人完成，責任感極強又要求完美的個性，使得惠千長期處於睡眠不足、高度壓力的狀態，身體因而出現種種狀況；最後，只得忍痛放下夢想，擱置斐然的戰果，離開這處曾經讓她驕傲的舞台。

重新調整心態　再度投入訓練

休息一陣子，惠千再度就業，來到了媽咪樂，卻面臨截然不同的環境。「我不再單打獨鬥，但需要調整與轉換昔日女強人的心態。」回憶起自己剛進入媽咪樂的心情，惠千表示，起初因為必須調適心理，並且兼顧為人母的角色，著實花了一段時間，方才適應新的職場文化。不過，她未曾後悔過自己的選擇，因為只要願意去創造和挑戰，媽咪樂所給予的舞台永遠比想像的大！「我告訴自己，在媽咪樂也可以發揮昔日在亞碩的實力，我會努力做好教育訓練，因為這是自身的專業和摯愛的領域！」

來到媽咪樂的初期，惠千做的是教育訓練工作，她發現，當時公司所謂的「教育訓練」，說穿了，就是管家們採取師徒制，一對一的教授清潔技巧。惠千說：「每一位資深的清潔人員確實都是公司珍貴的資產，不過，一對一的教授，各自有各自的優點，卻無法全面傳承，甚為可惜。於是，我便向公司最資深的客服業務——燕蘭姊諮詢請教。」

抓住工作竅門　由訓練轉做人資

燕蘭是由管家轉任公司內勤人員的優秀前輩，聰明的惠千，懂得抓住工作訣竅，借重燕蘭優秀的清潔專業技巧，再親自讀、看、學、做，然後統整、規

劃出標準的教育訓練流程與系列教材，創造一套全面適用且方便傳承的祕笈。她說：「『乾淨』，雖然沒有標準，但透過教育訓練與教材標準化的設定，可以讓資深的管家有所參考，亦使新進的員工有所依循，如此，接單後的服務品質能夠一致化，並減少客訴的機率。」

從教育訓練整合工作到駐點業務，惠千在媽咪樂兩、三年之後，老闆便要她接手人力資源（HR）業務。「因為以前從來沒做過HR的工作，所以凡事從頭開始，並得要去搞定且熟悉相關法規，我除了鑽研法規與內部規範之外，還去上課；公司給予相當大的空間，讓我著手勞健保業務、人資管理流程、制訂規章、設計表單，只要願意去做，皆放手讓我進行。但畢竟短時間內要了解且弄懂法規，然後還得制訂流程規章，對我這位初學者來說，並非易事，請教龍總經理，他告知『遇到問題，找老鷹』，與強者共事！」於是，惠千像海綿般吸收，向HR領域的友人和專職人員請益，從彼此的對談中，不斷學習與尋找HR問題的答案；而公司也安排了一位勞資法務顧問專家與惠千搭配互動，慢慢地將人資管理流程和表章建構起來。龍總的知人善任，再度讓惠千這匹好馬得以暢意馳騁在媽咪樂這個「沒有封頂」的廣闊舞台。

由訓練轉做人資 從異常深入法務

媽咪樂經營的是人的事業，如何提升員工留任率，獲取對等的薪資福利，提升社會地位與價值，一直是媽咪樂在人的管理上不變的定律。然而，成也在人，敗也在人，在惠千經手HR大概三、四年之後，隨著公司由南到北逐漸擴充，蓬勃發展，管家的人力愈來愈多，企業規模愈來愈大，人的問題油然而生，開始進入法務端的處理，甚至這些年來，老闆交到她手上的任務，已然全是準備進入法務程序的人事異常處理案件，而惠千身旁的專業搭檔，也從勞資法務顧問再增加了執業律師。

惠千笑嚷：「連接觸律師、

上法院都來了，天啊！簡直已經到了人資領域的最高境界啦！況且我還不是讀法律系的人呢！」

縱使嚷著自己不是唸法律出身的，但認真的惠千遇事仍然積極處理，務求手上案件終能順利解決。她說：「公司雖然總是會給我處理的空間，但自己也要懂得公司要的是什麼？清楚角色扮演，並拿捏好分寸。其實公司一向不喜訴訟，但有時迫不得已，還是得主動挺身而出，訴求法律來維護、捍衛公司權益，鞏固現有員工權利；否則公司該如何面對兩、三百位員工？該如何維護現有員工的制度和福利？未來又該如何規範員工的行為呢？」

她並表示：「相對地，我們也要從法務面來修正自己，不管是約談過程、流程規章或是表單設計上，絕對有其疏漏之處，所以，往往一處理完異常案件，我都會回頭審視舊有表單有無需要修正之處？然後重新制訂出新的表單。而在與兩位勞資、法務界專家共事的過程當中，也讓我從中練就了自己在審視契約與執行面上的細微思考，以及整合連結的能力。」

深刻體會樂在工作 感恩公司給予空間

「龍經理對我的『惜才』，令人銘感五內。當年剛加入媽咪樂的時候，孩子還很小，尚不足兩歲；後來婆婆又不幸重病多年，那段期間過著蠟燭兩頭燒的生活，經常往返醫院，又要照顧幼子。當下的窘境，若是其他公司老早就會要求離職，但媽咪樂卻給予最大的支持，於公、於私，全然包容我的狀況。」

於公，在媽咪樂講求「當責」的精神之下，處於不同時期與職務階段的歷程中，仍讓惠千充分地在這樣的目標責任導向的文化下，擁有極大的發展空間與彈性。「身為總公司的幕僚人員，總經理常對我掛在嘴上的話是『時間自己去調整，我相信你是具有責任與使命感特質的人，會自己去想盡辦法去完成公司給你的目標與要求』，也讓當時處於特殊時期的我，更加認知自己在媽咪樂的角色，以及公司賦予任務、對我的支持與認同，由此，時刻提點自己要當時間的掌控者，投入當下每一階段的目標達成為首要。」

於私，惠千感恩地說：「龍經理待我如同家人，不但給予最大的工作彈性，還經常提醒『別忘了也要好好照顧自己』，並且詢問需要幫忙些什麼？讓我可以兼顧工作和家庭。這裡提供了一個和樂、融洽且令人安心的工作環境，讓人樂在工作；現在反而是我『很黏』媽咪樂，因為離不開如此有溫度的公司，所以，我會以責任心與專業度回饋公司，盡力為公司創造最大的經濟效益。期許不久的未來，媽咪樂可以走向創業加盟的模式，成就居家清潔帝國的事業版圖。」

期待認證推廣　提升產業地位

近年來，惠千被賦予「建置認證事業體系」的重責大任。「二〇〇八年，媽咪樂導入政府推動的ＴＴＱＳ（人才發展品質管理系統），成為第一家取得ＴＴＱＳ認證的居家清潔產業公司，而且是ＴＴＱＳ銀牌的企業標竿，這項認證對公司和對我個人來說，都是一種肯定。接著，媽咪樂期許集團化下的學習組織能擴大版圖，創造屬於居家清潔產業的品質認證。」惠千說明，這些成就皆證明了媽咪樂領先在同業之間的地位，也為「訓練認證學院」建立扎實的根基。

「現在主導『訓練認證學院』，我也蒐集了很多國內、外的相關資料，由於這方面的做法在國內並無先例，所以應該會回歸到自行找尋並創造市場的獨特性，建立起媽咪樂的智慧財，期待日後外界的合作與政府的認同。」惠千自信地說：「雖然前面會做得比較辛苦，可是一步一腳印，如果不做，永遠只是在原地踏步，不會開始跨步前進。目前我正處於醞釀時期，備妥一切，蹲下蓄積能量，等待時機成熟，將瞬間一躍而起，展現銳不可當的爆發力，大幅提升產業地位，也讓媽咪樂持續領航業界！」

打造幸福企業　實現自我價值

蘇姵菁

◎職稱：總公司人資部經理
◎到職日：二〇一四年四月二十八日

自學校畢業後，一直從事人力資源管理相關工作，總公司人資部經理蘇姵菁在來到媽咪樂之前，已經累積了至少十五年的豐富人資工作經歷，而且都是在超過千人、甚至上市櫃的大企業中任職，為何現在願意留在相較起來規模卻不大的媽咪樂？她笑道：「除了認同產業潛力與公司發展的未來願景，最大的原因是——因為我打從心裡喜歡這家公司啊！」

自恃甚高挑戰老闆　認同建立專業價值

不過，在來到媽咪樂的初期，姵菁和公司彼此可是都面臨著「震撼教育」！「面試我進來的是惠千經理，由於長期從事人資工作，所以當自己在面試時，不由自主地也『面試』起對方，發現惠千經理感覺專業又有程度，而且讓我覺得這家公司未來發展不但有潛力，更是可以被期待的！因此，我就欣然同意加入媽咪樂了。」姵菁說：「進來之後，發現事實果然如此，惠千經理的優秀不在話下，其他同事的專業程度也頗高，經歷也都挺豐富的；每天召開早會時，我都很開心能與一群傑出的同事共事，更自信以過去的資歷，在這裡要把事情做好，應該是勝任有餘；然而，事實卻出乎意料之外！」

由於自恃在人資領域上的專業，以及在人資法規的透徹了解，有一次在早會上公開討論人資議題時，姵菁就當著眾主管的面，對龍總經理提出強烈質疑，龍總當下沒有針對問題回應，只說：「你不懂我在跟大家溝通什麼，所以先不要發言。」

當下姵菁無法接受，堅定地且大聲地回應老闆：「我知道你在講什麼，也知道我在講什麼！」

回想起這件事，姵菁有點不好意思地說：「其實龍總經理那時候的意思是希望我能再多聽、多想、多了解他所要傳達的是什麼？先不要急著發言。但當時才進公司一、兩個月的我，尚無法理解其用心，還當著公開會議直接挑戰他，但他仍站在保護我的立場，不想別人誤會我這位剛來不久的新人，於是耐心地回覆：『我在講的是經營管理的概念，你在講的是人資的專業，如果你真是一位專業的人資人員，應該用你的專業來幫

公司制定規範，讓公司能夠賺錢又不違反法令，而不只是告訴我法規是什麼、規定是什麼，所以公司不能做什麼，公司的下一步該如何呢？』龍總的一番話，當場令我覺得自己高度和格局真的是還不夠，就只在意自己的專業，沒有去思考到，其實專業必須能夠幫公司整體提升，以及為公司創造利潤，這樣的專業才是有價值的！」

感恩寬宏大量　體會用心良苦

姵菁相當感謝老闆的寬宏大量，並且營造優質的職場環境：「有些公司當員工所提

出來的方案不被接受時，可能會被公司否定，至少我的老闆不會直接否定，還會引導我去思考，尤其像我在公開場合忤逆犯上，這麼不懂禮貌的行為，可能很多老闆就會直接列入黑名單，發配到邊疆或要求另謀高就了！龍總的氣度真的夠大，只要他認為你的出發點是善意的、有心要去做事、想讓公司變好，他絕對會好好溝通。」

她再舉例提到龍總的用心良苦：「有次龍總要我北上去處理一位不適任員工的離職問題，並且花了一整個下午來和我模擬演練屆時可能會發生的狀況。我那時很訝異，以往昔人資的角度，會覺得處理一個『不對』的員工，要請一個人花三、四千元搭高鐵專程北上，又要一位大老闆抽出半天時間專門處理此事，這成本未免也太高了吧！雖然心裡直犯嘀咕，但仍依老闆指示北上處理。結果讓我覺得龍總真是料事如神，模擬的十句話裡面，大概有八句和那位員工所講的話一樣，而且我也帶著老闆教導的方式和態度來溝通，那位員工最後高興地表示『很高興你願意站在我的立場去想』，我想，對雙方來說，這已經是最好的結果了。」

事後，姵菁才體悟到，龍總會這樣做的重點不在那名員工，而在於引導她、教

育她，並且和她溝通，以取得觀念上的共識，因為我們才是未來長期配合的夥伴。「來媽咪樂才半年的時間，就顛覆了十幾年的人資經驗和觀念。從那次互動之後，我真的重新去思考，開始學著用比較柔軟的方式去傾聽與溝通，『立場堅定，態度柔軟』，最好的處理結果就是『雙贏』。而從這件事情開始，我深刻感受在『卡內基』所學和老闆傳達的理念是一致的，並且全面落實在公司文化上。」姵菁說。

傾聽溝通自我成長　創造快樂職場環境

而昔日任職的大企業只要高層決議頒佈新的人事規章，說一就一，說二就二，下面的員工只有乖乖聽話照辦，高壓式的管理，絲毫沒有空間和彈性可言，更甭提表達個人意見，只要未按規定施行，立即會遭到懲處；但同樣的模式在講求人性管理的媽咪樂卻是完全行不通的，當新的規定制度準備推行時，各種意見和雜音就此起彼落，變得窒礙難行；所以一開始，姵菁全然無法適應，甚至質疑：「我們員工執行力太弱，為何一個公司政策運作起來竟如此困難？」但由於老闆要求尊重員工的聲音，姵菁只得勉強自己去傾聽員工的聲音，然後向他們去說明、和他們去溝通。

「後來才發現，這樣的方式反而讓我看見自己不足的地方，原來有些規劃事實上只是片面主觀的認定，並沒有真正理解及符合員工們的需求，於是學會先聆聽和溝通，然後自我調整，這是來到這裡最不一樣的改變，如此也幫助我快速成長；再者，我發現在這樣職場裡的員工，工作起來是比較開心的。以前的公司那種高層宣佈只能照辦的環境，表面上聽命執行，私底下卻是抱怨連連，更缺乏和公司共同成長的意願；但在媽咪樂則相反，大家感覺可溝通、受尊重，因此，這裡的職場上充滿了正面能量和快樂氛圍。」姵菁說。

提供發揮的舞台　打造幸福的職場

姵菁表示，公司放手讓她去發揮：「於是，我借用過去任職大企業的實務經驗，以及公司舊有的制度，設計一套新的『培訓與晉升考核制度』，從前的考核制度較易受人情包袱的干擾，因此，現行公司制度必須設計的更明確，制度上的要求也必須更確實，我相信數字管理對於努力工作和長期堅持實踐目標的員工，絕對是最直接的工作肯定，也可杜絕公司無意義的馬屁文化。」

為了避免僵化的專業人力資源架構，媽咪樂在專業制度下，也有一套配套措施，或是薪酬激勵體系，以創造順暢的升遷平台。「看著夥伴們能夠在制度下，穩定的學習成長，這就是自己在媽咪樂的存在價值。」姵菁開心地說：「在媽咪樂，只要能力夠強，達到績效，隨時可以破格任用，完全不看年資，突破原來的任用標準，讓員工能夠明顯感受到收入與個人的成長與成就。所以，有能力的人在媽咪樂是看得到願景的，因為未來藍圖公司都已經規劃好了，升遷管道絕對是順暢的，員工只要儘情發揮就好了！」

嫲菁覺得媽咪樂一直將員工視為珍貴的資產，對於人才的培育不遺餘力，公司存在的價值是讓員工能力成長，進而收入增加，如此的思維，媽咪樂讓人看見的不是管理書籍裡的高調論述，而是將這「完美」的論述實踐的「快樂職場」。嫲菁充滿信心地說：「我將竭盡所能，和公司一起努力打造一個幸福且讓每位夥伴實現自我價值的企業環境，持續提升媽咪樂的競爭力，這也是個人留在媽咪樂自我價值的實現。」

第二篇

追求人生最大價值

用行銷招募管家 發掘工作更大價值
（總公司 謝沛彤 綜合計劃部經理）

找到職場烏托邦 激發無限的潛能
（總公司 盧義仁 數位規劃師）

看見服務的真諦 創造自己的價值
（中高雄 李佳蓉 店經理）

尋找人生的價值 看見幸福的所在
（台南 葉靖雯 店經理）

用行銷招募管家　發掘工作更大價值

謝沛彤

◎職稱：總公司綜合計劃部經理
◎到職日：二〇一一年三月二十一日

「我認為行銷是一門藝術，也是一門科學。行銷能為公司界定未來的成長路徑，甚至影響品牌發展與企業的走向，它是一種創造、溝通與傳達價值給消費者的過程；我的工作職責，就是讓招募過程順暢，發掘『管家工作』的價值。」

這個產業深具延伸的行銷價值

出社會至今，主要從事行銷相關的工作，沛彤深深體認，行銷管理是否成功？常影響到一間公司的存續，一個成功的行銷規劃，製造出來的經濟效益，不會只有幾倍的成效，最大效益甚至可達數百倍。

在國內，一般人對於清潔業的印象，大多屬於較低階的勞力服務；其實，在歐美國家或是日本，這項產業被視為專門技術，擁有寬廣的發展空間。

沛彤提及他之所以看中居家清潔業，是因為強大的市場潛力：「以我曾經在有線電視的產業經驗，一般能進入家庭服務的只有電話線（電信）與纜線（電視），電信業者提供電話服務也提供上網、節目觀賞（如：MOD），電視業者除了提供有線電視節目也提供上網、數位化影音服務等，這就是近年來統稱的『數位匯流』。而媽咪樂是提供勞務，進入到各個家庭進行居家清潔服務，這個產業呈現的經濟效益，讓人不免產生無限的想像。電信線路是冰冷的，人是有溫度的，除了提供清潔服務，更可以推廣許多居家相關的知識與產品，甚至生活上食衣住行通路相關的資訊延伸；大型計程車業者許多收入來自於廣告，google 提供許多免費資源而主要的收入是廣告，好市多提供品質好、價格低的產品，主要的收入卻是會員費。媽咪樂的客戶願意讓管家進到家中服務，所產生的價值則是一分『信任』。對我而言，這樣的通路想像是一種很具吸引力的行銷課題。」

招募管家要靠行銷　不是人資

剛到媽咪樂原本是以行銷工作為主，但是發現公司對於開發客戶不是照單全收；例如對於週末需要清潔的家庭客戶得放棄，即使業務來電十通有七通週末需求也不能接，『既然週末需求的客戶這麼多，不是應該全力接這區塊的客戶比較輕鬆？』、

『這個班要給一千五百元固定客戶而不是二千二百元單次客戶？』、『客戶要再加一千元幫忙煮個飯，不行？』是的，就是這樣，有朋友也會提出一些建議給沛彤，如：增加服務、價格折扣等等。但是某些議題一開始公司就排除掉了。這個產業著實需要幾年的了解，才知道真正的細節。因為公司最迫切的是「管家不足」！他說：「那時候總經理很認真地找我談：『招募管家要靠懂行銷的人，不是人資！』當時在經理室擔任專案經理，得自己

找出對公司有效益的事做。不過，我那時候想的是，老闆不知道要把我安排在哪裡，就丟了一份差事，還留了這一段話：『招募管家要靠行銷，不是人資。』現在想起來是有其道理的。」

沛彤堅定地說：「我當時的概念就是行銷『這份工作』，而且將管家定位在『不是清潔工』，她們所做的是一套深層的清潔服務，不是只有一般的打掃清潔工作，於是訂立了『招募行銷』的流程，一般公司行號對於面試者多半以『是否適任？』來做衡量錄取的基礎，

我則將所有面試者都定位成一群潛在客戶，透過大約廿分鐘的影片解釋這個產業的趨勢與這份工作內容，即使這位面試者不適合這份工作，她因為有了了解這個產業的機會，相信日後不會成為反對者，甚至認同和支持這個產業。」

「觀感是招募最大的困難點。一般既定的觀感不容易改變，是因為不了解所產生，容易把清潔等於低階工作來做聯想，我則要求每一位主管在面試時把握介紹這份工作、這個產業的機會；每年全台近百場公家單位的徵才活動及公司自行舉辦的招募說明會，每年我們所面對近二千個來面試的人，都是在推廣這份工作、這個產業。」

這是最精緻且貼近客戶的服務業。沛彤說：「多數的服務業做的是一、兩次的服務，居家清潔深入到客戶家裡，了解客戶的需求，客服及管家要做到『深入溝通』，家裡有多少人？塵垢堆積的程度、廚房開伙頻率，如果家裡有小朋友，則要注意更多的細節，尤其收納還得觀察客戶習慣，避免找不到東西。」

打造形象　升級招募作業

「工具與產品開發是接續招募所延伸出來的工作，主軸就是形象的塑造，建立管家專業的形象，從制服到工具箱呈現的專業性，再進一步不斷調整工具的耐用度、清潔力、安全性，清潔劑的清潔效益、環保性……等等。管家到客戶家打開工具箱時，每個工具分門別類整整齊齊就定位，就能呈現一定的專業態度。其實，每位管家都是我的招募看板『當你覺得她很棒，你才會想要成為她，嘗試做這份工作。』試想，假如今天客戶請了一個水電師傅來維修，當他打開工具箱，工具都擺放得整整齊齊，客戶也會感受到專業的態度。這部分，媽咪樂做得相當到位。」

「安全是最重要的。一般市售清潔工具屬於家用類型，耐用度不高，商用工具耐用但是不方便攜帶，要解決這個問題許多工具都得重新開發；例如：伸縮桿為了方便攜帶又必須兼顧耐用性，開發過程就失敗了二次，最後找到專門代工登山拐杖的廠商開發，費用足足要多三倍。這個開發不過就只是為了將七十二公分縮短成五十七公分，為了控管經費還跟老闆確認再三，『為什麼？有這個價值嗎？』，『為了安全』老闆說。因為管家都是騎機車到客戶家，五十七公分和工具箱的長度相當，這樣比較安全。這就是十五公分的安全代價。」

沛彤曾經有機會和龍總經理到上海參觀國際清潔展，確實對於清潔業有另一層的認識，因為不論那一個產業都有「清潔」的需求，飯店、餐飲、居家、工廠、

戶外……等等。展場中，國際上的清潔工具、機具、清潔劑等，各式各樣的設計都呈現出專業的規模，「清潔一點也不低階」，甚至還有清潔比賽，比專業知識、速度、運用。我想台灣在這個產業上，還有很多提升的空間，還有更多清潔服務等待發掘。對於未來，他充滿期待。

食品生产企业清洁论坛
The Cleaning of Food Manufactories Forum
时间地点：3月31日09:30-12:00，上海世博展览馆1号馆会议室A
上海博华国际展览有限公司、上海市酿酒专业协会

媽咪樂居家清潔公司
春酒聯歡大會

找到職場烏托邦　激發無限的潛能

盧義仁

◎職稱：高雄總公司數位規劃師
◎到職日：二〇一六年十二月五日

帶著一副黑框眼鏡，俐落的髮型、挑染的髮色，是時下年輕人的流行裝扮，流露出帥氣又帶點桀傲不遜的個性；高雄總公司數位專案規劃師盧義仁，年紀輕輕，尚不到三十歲，在媽咪樂也只有不到一年的工作資歷，為何可以受到龍總經理的賞識且委以重任？而外型時髦又有個性的他，又何以願意將夢想建築在傳統的清潔服務產業上呢？發生在這位帥氣大男孩身上的故事，著實令人好奇。他微笑地給了個答案：「你知道嗎？我以為不存在的『職場烏托邦』，在媽咪樂被我找到了！」

靠山山倒 靠人人跑 靠自己最好

由於兒時家中經濟出現變故，積欠不少債務，父母又離異，媽媽只得重返職場，因此，義仁自幼就被迫獨立自主；而媽媽也總是耳提面命的告訴他：「靠山山倒，靠人人跑，凡事還是要靠自己最實在！」自從媽媽開始離家上班後，大他十五歲的姊姊，因考公職之需來到台北的家中，一邊負責起照顧義仁的義務，一邊也為自己的未來努力。後來，姊姊在義仁小五時另有人生規劃，搬到台中工作。此時，義仁從三餐日常開始自行打理，養成了凡事自己想辦法解決，不習慣向別人求助的個性。

放學後，他常一個人孤單在家，因此電腦成了他在家唯一的好朋友。男孩子總是愛玩線上遊戲，義仁更是不例外，但礙於經濟關係，家裡的電腦配備總是矮人一截，常常藍屏或故障，總要打電話請工作繁忙的表哥來協助修繕，一通電話平均都得等一、兩週，而總是拜託別人的義仁也感到相當彆扭，為了不再麻煩別人，他開始到書店尋找修繕工具書來閱讀、大膽自己動手處理，無形中累積了許多有關電腦資訊方面

的邏輯能力。

除了電腦遊戲，因為家中沒有其他手足相伴，所以義仁也將部分的情感，寄託在幾位好友的身上。不料，就在他國二下學期時，貸款壓力已將媽媽壓得喘不過氣，決意搬離台北；而義仁即便千般不捨，也只能被迫轉學離開好友，跟著媽媽展開另一段的人生旅程。初到陌生環境，一下子還無法融入同儕的他，只好將孤單寂寞寄情於當時與好友未完成的音樂夢與廣泛的閱讀之中。

高中時期，義仁就讀南投的暨大附中，這是一所綜合性高中，為了早點自食其力，義仁在高二分組時，選擇了高職，他說：「我主修商業管理科，因為自己是資訊重度使用者，所以，副修資訊軟體科，電腦資訊方面應用的技能也在此時加強了不少；這個階段可說是我人生的轉捩點，除了專業技能的養成，更與跳舞結下了不解之緣。」

自此舞耕不綴　體會教育樂趣

義仁緩緩說起他跳舞的故事：「其實我從小就喜歡聽著音樂亂動，進高中就想加入熱舞社試試看，那時成績總是吊車尾，跳舞成為很好的紓壓方式，興趣也日益濃厚；

不過，由於先天肢體條件不佳且沒什麼天生律動，老師教我應該是教得很辛苦啦！」

即使先天條件不佳，但熱愛跳舞的義仁總是努力練習著。「但老師約談我，希望我放棄跳舞，同時不再安排上台演出，因為實在太不適合了啦！」義仁苦笑，他因此難過得一度停止社團活動。然而，個性好強的他並不會就此服輸，況且內心實在掩蓋不住對跳舞的熱愛，於是每天五點下課後，就到學校附近一家工廠獨自練習同一段排舞五、六個小時。

經過一段時間的苦練，義仁的舞藝漸有起色，才得以重新站上表演舞台。因為體驗過被老師放棄的滋味，義仁事後告訴自己：「學生不就是因為不會才請老師教導嗎？身為教育者不想辦法將對方教會，還殘酷地澆熄學習熱忱，這樣做對嗎？以後當我有機會教導別人時，一定不會放棄任何一位有學習意願的學生。」

日後，升格為學長的義仁，果然十分用心帶領熱舞社的學弟、學妹，並且為社團培養多名優秀新人，他說：「透過教學，我將舞碼重新整理一遍，如此，在解決別人學習問題的同時，自己也再度複習。」義仁覺得教育應該是利人利己、一舉兩得的事情。

高二分組之後，義仁的學業成績也一同突破與跳舞相同的瓶頸，商業類的科目竟然格外地適合他！副修資訊管理的他，在短時內取得了乙級證照，成績也名列前茅。在成績優良、社團經驗又豐富的條件下，他脫穎而出，順利通過繁星保送計畫，進入了高雄餐旅學院行銷暨會展管理系就讀。

大學創辦熱舞社　建立自信和專業

滿心期待到高雄餐旅學校報到，義仁心想：「在高雄這個大城市，應該有更寬廣的學習空間，自己一定要認真學習，並且大展身手，尤其是最愛的跳舞！」孰料，大學原有的熱舞社竟早因經營不善而關閉了！「既然學校沒有『熱舞社』，那就自己來創一個吧！」於是，義仁募集班上七位同學籌組了社團，自己帶人、教舞，並且抓住公開演出的機會，不求任何回報。在義仁的用心投入之下，成立迄今已有九年歷史的熱舞社，由一個新成立、不受學校重視、沒有經費補助的小社團，發展為能在學校例行公演、獲得經費補助的熱門社團，而義仁在熱舞社的身分也一路由創社長、學長、資深學長到指導老師，從未終止供應他一手創立起來的社團的教育養分。

雖然在熱舞社投注滿腔熱血，但義仁並無荒廢課業的學習，尤其是「行銷管理」

這門別人眼中的「魔王」科目，更帶給他豐碩的成就感。「未上這門課之前，早就聽聞教授雷厲風行的作風，只要能平安過關就萬幸了；第一次考試，花了大半時間準備，結果才勉強過關，一股不甘示弱的情緒油然升起，決心挑戰它！」結果在一次產品行銷報告中，義仁製作的簡報備受同學矚目，連教授也讚賞不已，得到的極高的分數。

此後，只要是那位「魔王」老師的課程，義仁的分數未曾低於高標水準，而動力是來自於教授的期待：「自從那次簡報以後，我可以感受到教授的高度期望，而相對地，我也會給予同等回饋，投入更多心力，不辜負對方的期望，這也是我一貫的態度。」義仁面帶微笑地說。除了自修研讀一些相關的書籍外，也挑戰考取IPMA國際專案管理師的執照，這是他人生中第一張國際證照，其難考的程度相當高，能夠如願以償，也建立了他的專業和信心。

實習磨去銳氣　接觸咖啡人生

由家境環境的關係，義仁上大學不久後就開始工讀，聰明能幹反應又快的他，是老闆、主管眼中「優秀、好用卻不受控」的員工，自恃工作能力強，待人處事卻是充滿銳氣，直到大三實習時遇到主管刻意琢磨，才讓他褪去自負和驕傲，學會圓融處事的道理。

不過，因為太鍾情於跳舞，義仁甚至在大四故意延畢，想要多一點時間來探索未來道路，期間便一邊從事舞蹈教學工作，嘗試走上專業舞者路線；另一邊則在國際連鎖咖啡店兼職，累積現實生活的本錢。

「這家國際品牌的連鎖咖啡店強調『以人為本』，無論是兼職人員或是正職員工都有一套教材，透過完整且沒有壓力的教育訓練，將公司文化深植在每一位員工的心中；我在短時間之內從一個完全不懂咖啡、對咖啡也沒興趣的門外漢，到認識咖啡、深入了解咖啡，甚至愛上這個國際連鎖咖啡品牌。」義仁表示，透過完善的教育訓練規劃，員

工不只了解公司文化與產品差異，也藉由輪調，訓練員工的換位思考；而這家國際品牌連鎖咖啡店的員工訓練，從發放教材、教學影帶、實體操作、檢定、認證的種種過程，恰巧都和義仁日後在媽咪樂的工作內容有所連結，成為他珍貴無比的經驗。

因緣際會之下，義仁大學時的舞蹈恩師，因賞識他的才華，邀請他一同北上與朋友合夥創業；他決定捨棄在高雄的一切，興致勃勃地跟著恩師北上，共同開創舞蹈事業。「其實去的時候就是什麼都沒有，從制度流程開始制定起。老闆們的專業都在跳舞上，那行政作業與流程制訂這塊的缺，就由我來補。再加上網路社群行銷，假以時日，應讓會小有成績！」義仁說。

但在制定財務流程的同時，他也發現帳面數字的異常，一路調查到帳戶、營利事業登記、最後回溯到合夥契約的時候，義仁不敢相信自己的眼睛，直到與外界法律顧問確認後，才知道這整起合夥案竟是一樁詐欺案！但時間與金錢也是不等人的，上台北創業的這段期間，已花完他幾近所有的積蓄；在朋友的勸說與詳加考慮之下，義仁決定重返熟悉的高雄，從具備發展潛力的產業再度開始！因為他知道以自己的個性，一旦做了選擇就不輕易反悔，如同對跳舞多年不變的執著，這時，腦海中浮現大學時期的好友淳勻。

與好友共同打拼　實現理想烏托邦

「我和淳勻自大學時代起，就一直是完美搭檔！」義仁只要談起淳勻，臉上總會添著幾分驕傲：「當她到媽咪樂任職之後，偶爾也會聊起公司目前正在執行的專案或是面臨的問題，因為我們的能力跟個性上比較互補，加上默契使然，即使我身不在公司，也能為她提供一些建議與方向；曾想過媽咪樂的工作自己是否能以勝任？但最後仍請她代為引薦。」

「起初我也是把這件事情當成是帶著履歷找工作，但沒想到龍總經理的回覆是要求先撰寫一份專案的營運計畫書，一週後，我便帶著這份計畫書來到公司面試，雖然在面試之前就先看影片做足功課，知道龍總是和藹可親的人，但其實我是非常緊張的，直到見面的那刻起才鬆了一口氣，順利通過面試考核，成為媽咪樂的一份子。」義仁有點不好意思地說：「當龍總問為何想來媽咪樂時？我竟然不假思索地脫口而出『因為淳勻在這裡工作』，這樣的回答連自己都感到極度訝異！照理來說，依我豐富的職場經驗，應該會回應一些漂亮的官方話語，可我卻老實告知，或許面對態度誠懇的龍總，整個人也會不由自主地誠實起來吧！」

一如對大學教授看重的反饋，義仁竭力以優異的工作表現來報答龍總的深切期待與知遇之恩。他說：「初期在媽咪樂從事教育訓練工作，很奇妙地，以前的各項工作歷練和這份工作有諸多呼應與結合之處，從跳舞中所習得的教學熱忱，重新整理並歸納流程的邏輯思考能力，尤其是國際品牌咖啡連鎖店，同樣是『以人為本』的企業，我相信只要公司明確傳達願景，總有一天，透過我所參與規劃的教育訓練，媽咪樂也會成為國際品牌，公司文化亦將深植人心，這也是我賦予自己的工作目標與使命。」

從教育訓練到認證學院發展，義仁跟著惠千學習不少：「惠千經理可說是『公司的知識寶庫』，很慶幸有機會與她共事。我覺得清潔服務產業就像舞蹈經營一般，要先做出一番成績，才能獲得別人的認同與肯定，媽咪樂多年來的成績有目共睹，爾後再成功推行認證制度，必能彰顯產業價值，建立業者專業認同，創造出最大的經濟效益。」

他充滿自信地表示：「在媽咪樂，大家都在為共同的目標而努力，沒有勾心鬥角、不需提心吊膽，即便有溝通障礙也是人之常情，每個人的意見都會受到尊重，從不因人微言輕，處處充滿溫暖窩心的感覺，這樣友善、順暢的職場環境，不正是許多人夢寐以求的職場烏托邦嗎？」

看見服務的真諦　創造自己的價值

李佳蓉
◎職稱：中高雄分公司駐點經理
◎到職日：二〇一三年五月六日

「造物者是公平的，每個人一天擁有的時間，不多不少，就是二十四個小時，有些人渾渾噩噩的過日子，我呢？想要多創造一些自己的實力，身為中高雄的駐點經理，我享受和組員之間，一種相互『被需要和需求的成就感』，管家們和我就是待在同一條船上的團隊，乘風破浪，我為管家們創造工作機會，他們為公司在客戶端細心服務，創造三贏的局面，在媽咪

樂一路上的磨練與經驗，很辛苦！卻很有成就感！對我來說，這都是我生活上的重要養分。」媽咪樂居家清潔集團中高雄分公司駐點經理李佳蓉說。

由業務行銷轉任客服 初期充滿無助感

從學校畢業，進入職場，一直從事業務行銷相關的工作，尤其在進入媽咪樂之前，佳蓉在電信業龍頭公司裡擔任電話行銷的業務，前後待了大約五年，然而，因公司政策改變，獎金福利縮減的影響，造成工作上的更換；雖然，電信公司業務的工作型態很單純，只需負責前端銷售，但是，隨著時空的轉換，佳蓉卻也看盡產業生態的現實面，因而產生職業倦怠，遂決定轉換跑道。

休息一段時間之後，佳蓉在人力銀行看見媽咪樂的徵才廣告，於是便前往應徵，順利錄取客服專員的職務，開始了一連串的歷練。

「今年是我進入公司的第四年，回想當年進入公司時的無助感，差點萌生離職的念頭。當時還在維新街舊址上班，雖然，辦公桌是長條形的，但是空間明顯不足，身為新人的我，身分有些像見習生，看著辦公室裡電話此起彼落，繁忙緊湊的畫面，我想要幫忙卻無能為力，大都只能看著前輩忙碌，當下的心情，彷彿是站在激流中的孤石上，很無助，更感覺隨時都會落水。」佳蓉回憶自己甫進公司的窘狀：「因為對流程尚不熟悉，我只能趁著同事稍微空閒的空檔，趕快詢問尋求解答。」

新人階段的第一堂課 找到學習榜樣

尚在新人階段的佳蓉，只要抓到機會就努力學習，吸收知識及經驗，然而仍然會有遇到挫折的時候，她說：「好在同單位的前輩燕蘭姊常常給予實質上的幫助，也會輕聲地安慰我，這股暖流現在仍溫暖我心底。」無論遇到多麼嚴峻的挑戰，佳蓉更加激勵自己努力向前，展現出不服輸的鬥志。

今昔相較，當時公司還沒有那麼多的標準作業程序，客服專員要處理的事項非常廣泛，佳蓉心裡想著：大我十多歲的燕蘭大姊真的不簡單，溫柔又能幹，此後便將她當成榜樣，持續學習，同時也學會了溫暖待人。

到目前為止，佳蓉所從事的職業內容，似乎都和行銷都脫不了關係；剛開始，她以為媽咪樂客服專員的工作，與行銷業務的領域沒有太多的差異性，直到某天發生一個事件，才深深體會其中的差異，進一步思考——到底什麼才是真正的服務？服務如何深達人心？

服務不只是口號　而是全面性的工作

「這事發生在我任職客服專員的時期，某天，我依約前往客戶家拜訪，屋主是一對大約卅多歲的情侶，是一戶剛落成的新居，室內空間大約十五坪，家裡的物件不多，女主人開始詳盡地告知每一處需要注意的細節，我也仔細地做筆記與備註，和管家做好溝通。但是，在第一次服務完之後，客戶向我抱怨，管家沒有按照規定，將要求的東西正確復位；於是，我再次前往客戶家中了解狀況，本以為是對方太過吹毛求疵，正想回應。這時候，女主人在我耳邊小聲地說，『我男朋友眼睛看不見』，頓時，氣氛迅速凝結，內心感到一陣慚愧，心想，我到底在做什麼？為什麼之前都沒有發現到呢？」

實際上，接連兩次的拜訪，男主人都默默地坐在一旁，沒有表現任何意見，佳蓉自責，如果自己多一點觀察力，或許與男主人聊上兩句，應該能察覺一些不一樣，此時，懊悔的情緒湧上心頭，為何自己表現如此粗心？這樣子或許已在這對情侶的傷口上灑鹽？「因為這次經驗的當頭棒喝，我深刻地明白，『用心』服務不能只是口號，而是眼到、耳到、心到、口到和手到的全面性工作。」佳蓉說：「我告訴自己，媽咪樂居家清潔服務，不是只有單純的清潔，而是讓客戶產生貼心、安心的舒服感受。到目前為止，媽咪樂已經持續為這組客人服務兩年多了，而我也會永遠記得這組客人所教導我的啟示和改變，讓我深刻地體會服務業的最高境界，是『心的服務』；行銷只是一次機會，最讓人感動的服務是客戶會一次又一次和你續約，那是一種心靈層次的肯定。這也是我珍貴的一課。」

不斷從中學習 處事更加成熟圓滑

在媽咪樂的學習是從不間斷的，除了工作技巧、溝通技巧、情緒管控，最重要的是有效處理事情的方式。她說：「紀營運長是我在媽咪樂學習的另一位師父，她一絲不苟和高EQ的管理方式，讓我體會良多。記得某天，有位管家沒有準時出勤，我情急之下，便撥電話質問管家，指責她為何沒正常出勤，到底發生什麼事？掛下電話後，紀營運長便將我叫到旁邊說：『罵她有何用？你急，管家又不急，如此的責罵方式根本沒法改變事實，反而讓她心裡更不舒服，說不定造成反效果』。」

這件事對於佳蓉往後面對事件與情緒的處理有很大的幫助，她常提醒自己，不要將自己以為的狀況套在別人的身上，就像剛才提到的管家事件，她「認為」管家沒有責任感，因為她晚上還有兼職其他工作，所以根本沒將佳蓉交代的事項了解清楚，因此才會遲到；事情不然，實際上，這個客戶的住家位置確實不好找，管家是一時找不到地址，因為沒有電子地圖或是紙本地圖，才會耽誤了預定的時間，絕非常態現象。

這個理由聽起來不是藉口，佳蓉能夠諒解，往後也會更加貼心地詢問管家：「客戶家的位置找得到嗎？」並且從事件中學習，處理事情的態度，變得更加成熟與圓融。

李阿姨：剛來時，王老師就分派工作讓我們做每一樓層從五、四、三樓做下來。下午謝謝李阿姨教我每一個資料分裝在每個資料夾。另一個阿姨教我每箱不同的鑷子用不同的貼紙。謝謝李阿姨請我們吃餅干、鳳梨酥、麻吉，這些東西都好好吃。

[redacted]學生敬上

一路學習 在工作中看見自己存在的價值

「很感謝公司讓我找到成就感，還有看見自己存在的價值；個人的能力有限，但在媽咪樂，可以一路學習，逐步晉升，這就是團隊的重要。現在身為主管，更有能力幫助需要幫助的人，看見二度就業的夥伴們，或是某些面臨困難的單親同事，在我的幫助之下，生活步入常軌，不再愁眉不展；也因為同事間相互的扶持，彼此能夠逐漸成長，那種欣慰和欣喜的感覺，是無法用言語形容的。」佳蓉有感而發。

看見媽咪樂隨著大家的努力愈來愈茁壯，佳蓉表示，這一切都歸功於公司有良好的組織文化及風氣，而公司制度也提供順暢的升遷平台與好的公司福利，因此獲得愈來愈多的認同與肯定。

「龍總經理一再強調『員工就是公司資產』，管家更是公司不可或缺的重要基石，能為公司創造最大的利潤，所以有福利就先考量管家，我非常贊同如此的經營理念。我在公司學習了很多，也增加了自己的生活廣度，是公司和管家們成就了現在的我。」佳蓉說：「偶爾會調侃自己是十項全能，報告、報表、教育訓練、招募、辦活動，還要會管理人事……等等，在媽咪樂，什麼都可以學，什麼都要會，但無形之中，你會覺得自己的工作能力愈來愈強，也變得更加有信心。」最後，佳蓉強調，十分慶幸，自己帶領的管家有小組聚會時，都會樂意邀請她同歡，管家們這樣的舉動，就是對她最直接的肯定。她笑道：「我享受這分價值，更愛我的伙伴們！」

尋找人生的價值　看見幸福的所在

葉靖雯

◎職稱：台南分公司駐點經理
◎到職日：二〇一一年三月一日

外表看似纖細柔弱台南分公司駐點經理靖雯，在她的領導之下，台南市場呈現穩定且有效率的成長。秉持著一顆堅定卻又柔軟的心，靖雯樂在工作，她表示，自己在媽咪樂體悟到了一個真理——「每個人都有想要，問題是自己是否努力」！而在媽咪樂，她不僅實踐了自我，也體會「施比受更有福」的快樂。

遇不上伯樂的千里馬 期待沒有偏見的無限馳騁

「在三十四歲踏入媽咪樂的工作領域前，我的工作經歷可是『十分精采』呢！在學校主修的是工業管理，或許是想要早一點適應社會，於是在專科時期就開始進入職場，舉凡超市收銀員、客運售票員、倉儲人員、行政助理、工廠品管人員、某上市科技大廠的作業員、保險業務員、採購人員，還有工程師助理等的職務，我都曾經涉足，工作一個換過一個，當然，許多公司都不喜歡如此不穩定的面試者，但是沒辦法，我這匹反骨的千里馬就是一直遇不到伯樂，也無法定下性來為公司賣命。」伴著爽朗的笑聲，靖雯說道：「我母親知道我不斷地換工作，也曾用台語調侃我說『一年換二十四個老闆，沒定性，要吃頓公司尾牙還早呢』！」

記得有一部 Be A Giver 的社會運動廣告，標題為「是否看見當年的自己」？影片內容是主事者找來數位企業主與資深的人資主管，欲了解企業主對於年輕一代人力狀況的看法與想法，於是安排幾份匿名的應徵履歷，先讓這些高階人員過目，然後針對履歷開始討論，對於應徵者們的履歷可否再做一些提醒？

第一份履歷的應徵者是三十三歲，高學歷，沒工作經歷；第二份履歷的應徵者只有二十五歲，國中畢業，在市場麵包店當學徒，兼職洗車員；第三份履歷的應徵者為二十九歲，學歷一般，工作經歷卻不到一年；第四份履歷的應徵者則是頻繁離職，待不滿半年或是一年就換工作，此種狀態被認為穩定性不夠，或是社會新鮮人要求薪資待遇過高等等，通常面試第一關就被刷掉。

最後，應徵者的名字被揭曉了——第一份履歷的對象是國際知名導演李安，第二份履歷是世界麵包冠軍大師吳寶春，主事者陸續揭曉是面試者自己的朋友，或是自己的孩子等。面對「應徵者撞擊」的驚訝，撼動了面試者的內心，他們回想起自己二十六歲時的模樣，試想當時坐在他們面前的面試者，或許無法想像他們今日模樣與成就。影片結尾，參與事業的企業主們皆認為，或許先前的評斷太過主觀與嚴厲，有時應該適時給人機會，說不定反而會出現理想中的千里馬。

如此的狀況，對照三十四歲前頻換工作的靖雯所遭遇的經歷，她感慨：「如果沒有偏見，留給面試者的就是無限。」而來到了媽咪樂，她訝異地發現，這就是媽咪樂一直持續的理念。

離職休養抑鬱寡歡 決心振作重返職場

其實，靖雯非常清楚自己想要追求什麼，例如：婚前，她曾做過資訊工程師助理的工作，離娘家大約五分鐘的交通時間，待遇兩萬多元，每天的工作量大約三個小時就可完成，根據當時的年紀和薪資衡量，幾乎可用「錢多事少離家近」來形容這份美好的工作，但是，她心中總不時升起一股空虛感，相較於每天共事的優秀工程師，助理的工作內容不具有任何的重要性，感覺這個職缺可有可無，沒有被重視，她在這份輕鬆的工作裡，找不到成就感與歸宿感，於是毅然決定離職，再尋找下一份工作。

婚後，靖雯也曾在科學園區的某上市電子大廠當過作業員，因為需要輪調三班

制，沒有辦法兼顧到家庭與夫妻之間的生活，加上準備懷孕的打算，所以再次辭職，繼續轉換至不用輪班的五金零件工廠，擔任品管的工作；然而，五金廠工作環境非常吵雜，而且機器還會產生一種持續性的低鳴聲，不知長時間在如此噪音的工作環境下，早已不自覺造成聽力受損的職業傷害。

雪上加霜的是，在某次感冒之後，靖雯便開始產生持續耳鳴的現象，因此，她又辭掉了五金廠的工作，在家休養，但變得終日抑鬱寡歡，不斷質疑自己存在的價值，甚至找不到生活的目標。

直到某天，兒子的童言童語，讓靖雯驚覺自己的變化與情緒低迷！面對兒子看見自己懦弱與不安的反應，靖雯感到相當內疚，於是決定要找回從前那個堅強的靈魂，強迫自己先找份兼職的工作試試。當時，剛好看見媽咪樂有此職缺，於是前往應徵，並且幸運地進入媽咪樂服務。

感恩公司適時接納 提供相互尊重的職場

因為需要重新適應職場與兼顧家庭的現實面，靖雯重返職場初期，在媽咪樂擔任的是半天班的兼職工作，她相當感謝媽咪樂，願意適時對自己伸出一雙溫暖的手。靖雯說：「做夢也沒想到會有這麼一家如此真心接納自己的公司。我真的好愛這個公司的氛圍，當時在紀營運長的帶領下，能夠一步一步穩健地前進，逐漸找回面對人群的敏銳度，整個人也逐漸恢復朝氣，擺脫昔日的沮喪與陰霾；雖然，身體狀況無法一下子復原，但是，卻在媽咪樂重拾人生的希望，讓人打從心底開心起來。」

健康狀況逐漸有明顯改善後，靖雯便與家人討論與規劃，決定接受主管的建議，開始轉任全職的客服專員。由於熟悉公司台南駐點的工作環境，以及認同公司文化，靖雯覺得自己應該能夠勝任這份全職的工作。

不過，客服是強調「人」的工作，剛開始擔任媽咪樂客服專員時，靖雯最常被要求的狀況是，要勇於和人互動，妥善處理人際之間的溝通，並且面對客戶端的處理都必須考量周全；然而，憑藉著公司給予的訓練和肯定，她在工作上是愈做愈有信心。

「此外，過去工作經驗值的累積都是重要的，別輕易否定每一份工作帶給自己的養分，像我過去曾做過採購或是銷售類相關的工作經歷累積，就是對於自我實力的增進，成為日後潛力發揮的養分，讓我可以在媽咪樂完善的制度下磨練與成長，一路考核晉升，最後，成為獨當一面的駐點經理。」靖雯說。

她表示，從頻頻更換工作到現在將工作視為終身職業的心態轉變，箇中最重要的關鍵，是因為媽咪樂是一個相互尊重的職場，讓她這匹千里馬終於可以放心馳騁，無所畏懼。

先處理心情 再處理事情

打從進入媽咪樂，靖雯一直很享受從事客服工作的快樂，因為她覺得，每一次拜訪客戶，就像是翻閱一本本有趣的書，不僅可以看見客戶家的裝潢特色，還能夠分享客戶的生活故事，以及感受諸多人生百態，多采多姿。

現在擔任台南區駐點經理，表面雖然看似順遂，但靖雯表示，其實當公司決定拔擢她時，她的心中充滿忐忑，那時正在銀行處理業務，得知這

個訊息，她望著銀行牆上的指針，眼淚不自覺地掉下來，心想，經過三、四年的堅持與淬鍊，自己終於爬到台南區駐點的頂峰，但是，機會真正降臨時，卻突然感到惶恐不安，覺得自己無法肩負駐點的績效，反倒想要選擇逃避。

「或許是了解我的心情，隔天，龍總與紀營運長便到台南的辦公室來幫我打氣，堅決地告訴我，公司這棵大樹永遠都在，別擔心。」靖雯說：「有了龍總和紀營運長及時的鼓勵，我也就消弭了害怕和恐懼的心情，正面迎戰，不再退縮！」

她永遠記得，龍總曾經提過一個處理

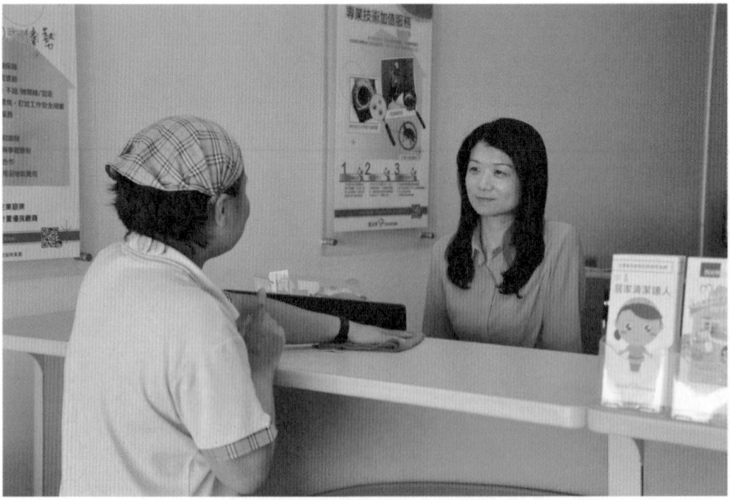

事情的技巧，「先處理心情，再處理事情」，如此可以避免情緒化，而做出錯誤判斷；而在媽咪樂的訓練和經驗累積下，靖雯也愈來愈知道如何去處理心情，並且在工作上表現得更加卓越。

「儘管，這個職位壓力真的很大，但是，我很慶幸自己鼓起勇氣接下了這個挑戰；雖然，我只是盡本分做好分內的每一件事，但是，對管家們來說，就是最好的助力。我永遠記得在一次的活動中，某位金牌管家的家人，握著我的手，感謝公司，說自己妻子因為工作產生自信，帶著一家人一起改變與成長，讓整個家庭變得更和樂融洽；那炯炯的眼神，我一直都記得，也讓我自覺人生變得更有價值，同時鞭策我繼續將台南駐點經營得更美好、更茁壯，讓每一位管家都將媽咪樂視為第二個幸福的所在。」

第三篇

認同共好幸福選擇

認同共好文化 找到產業新藍海
（總公司 楊金只 財務經理）

喜當幸福青鳥 證明存在價值
（板橋 邱小鳳 儲備幹部）

給予舞台和機會 加入幸福的行列
（南台中 石丞妏 儲備幹部）

追隨公司美好願景 認同產業無限商機
（總公司 呂淑喬 財務管理師）

高度配合獲肯定 處處學習樂分享
（北台中 王月玲 店經理）

認同共好文化　找到產業新藍海

楊金只

◎職稱：總公司財務經理
◎到職日：二〇一〇年十二月十五日

「這是最好的時代，也是最壞的時代。」高雄總公司財務經理楊金只，引用狄更斯著作《雙城記》如是說。擁有超過三十年職場經歷的她認為，每一個世代面對的挑戰都不同，「懷抱正面態度看待事情、保持開放的心態勇於學習新的事物、積極面向嶄新挑戰，這就是我對於生活與工作可以持續保持熱情的不二法門。」

深受父親個性影響 進修轉變職業生涯

生長在高雄路竹的鄉下，父親實事求是、精益求精的個性，深深影響著她；當初父親因為繼承祖產，因此擁有一小塊農地，成為父親棄商轉農的契機。「父親擁有相當敏銳的觀察力與嘗試心，在那個年代便開始種植短期的經濟作物，種植期間致力解決農害問題，或是想辦法增加產量，他專注堅持的個性，正是我學習的榜樣。」金只回憶道。

「雖然家中經濟無虞，但畢竟生長在鄉下，多少受到傳統重男輕女觀念影響，當時只擁有高職綜合科的學歷，畢業後即進入會計工作領域。隨著時代進步與工作性質的轉變，我慢慢發現自己所學不足，開始到學校進修；記得某次到中山大學研習行銷管理課程時，看見年歲接近我父執輩的老教授，仍在課堂上熱情地分享專業，認真的生活態度，著實激發我的學習心，想要更加精進向上，當下告訴自己，絕對不要虛度歲月！於是，我開始一系列專業會計相關課程的在職進修，而會計知識的精進，也為我的職業生涯開啟另一扇重要的門。」

人生的故事，需要自己去創造。如果，當初金只沒有下定決心去進修，現在回顧起從前的生涯，只是一段平淡的人生。「我在某家上市企業待了二十多年，經歷從人資職務開始，再接觸生產管理、採購，最後在會計工作上著墨最久，參與公司從五、六十人規模的中小企業，發展成包括海外廠，超過兩千人的跨國大企業的過程；而我更在四十多歲的年齡便從公司退休，當時羨煞許多人。」她描述著進入這家製造業上市公司後的精采職涯。

重新投入職場　感受「人」的溫度

那麼，為何願意放下安逸的退休生活，再次投身職場，進入媽咪樂？她笑著描述這段機緣：「我和龍總經理是在學校進修時的舊識，當他知道我如此年輕就退休賦閒在家，便力邀我進入媽咪樂服務。當時一個轉念，心想：『我一身精采的工作經歷，加上會計專才的養成不易，如果，真的就此退休在家，這一切的專業豈不是如同廢棄？過去所有付出的努力和磨練，也將不再具有意義。』這時候，媽咪樂剛好提出擴大公司規模的計畫，於是我決定接受龍總經理的延攬，再次投入職場，希望能發揮自身所長，與媽咪樂共同迎向另一次的輝煌。」

剛加入媽咪樂的時候，金只適應了一陣子。「數十年」的工作資歷都在一間製造業公司，對於製造業的生態高度熟悉，問題的處理步驟業已建立標準作業流程；媽咪樂屬於服務業，服務標的物就是「人」的產業，因此服務與溝通之間，多了人的溫度，對待事情的方法，也增加了許多思考解決的面向。

「前公司與媽咪樂的企業規模不一樣，產品特色也全然不同，因此在處理事件的方式上，沒有絕對的對或錯。進入媽咪樂後，首先，我必須讓自己保有彈性，才能

夠融入這個新職場，然後再學習和適應這個新行業的流程，才能對媽咪樂的財務架構進行調整。」金只思考有別以往的財務架構規劃。

導入財務e化觀念　看好產業願景

進入媽咪樂以後，她首先將「財務e化」的觀念導入，「例如：當時公司的表單架構或是會計流程等未盡完善，藉由一些SOP的步驟，要求駐點填寫資料再配合班表，也希望透過表單紀錄的改革，在財務上能夠配合銀行帳的勾稽等；希望每個駐點都可以清楚查詢自己駐點與客戶之間的銀行帳，不需要每次透過財務人員查詢，以減少雙方的時間成本。」她說：「我也將上市公司處理財務作業的流程帶入媽咪樂，希望藉由這些改變，可以讓會計師查帳和公司在對帳方面更加有條理，讓公司財務架構更為明確；我利用成本會計的概念，為公司的營運成本與產品項目做過檢驗，對於不適合的項目給予調整建議；公司未來若有上市櫃的計畫，我也可以運用專業，提供財務與相關事宜的協助。」

對於公司的前景，她非常看好：「如同我的分析，記得當初還未進入媽咪樂的時候，經常可以看見公司的徵才廣告，因為好奇心，在某次與龍總經理的聊天裡提到，為什麼經常看見徵人廣告？當時龍總經理回答，『市場對於這個產業的需求正高度成長』，現今社會生活模式的改變，居家清潔委外服務的概念，更廣為一般人所能接受；加上媽咪樂深植地方，在南部清潔業起步很早。進入公司後，我運用成本會計的概念，精算公司的成本，配合生產管理模式的觀察，覺得媽咪樂擁有好的團隊，朝氣蓬勃，這個產業大有可為，未來指日可待。」

升遷平台順暢　認同「共好」文化

媽咪樂的升遷平台，是屬於績效導向的。管家有一套金牌管家系統可以遵循，公司內勤人員則是看績效，例如：人資部門，從報表裡可以看出數字化的招募成果，進而作為薪資與獎金的發放依據。因此，只要願意努力，都有機會向上提升。

她個人非常認同公司「共好」的文化特質：「我認為媽咪樂的公司文化和產品有一定的相關聯性，是一種共享的概念，公司提供好的居家服務給客戶，更透過教育培訓和專案訓練精進員工的能力、不斷參加國外展覽吸收清潔新知、研發各式清潔工具和清潔藥劑等，這是一種循環的關係，公司提供良好且安心的貼心服務，讓客戶沒有後顧之憂，得以衝刺事業或是擁有更多時間陪伴家人，如此，公司收益獲得成長，員工獲得薪資保障，企業、員工與消費者，創造著彼此的需求感，這是一種『三贏』的概念。」

Pooh'
Hunny

擁有勇氣面對問題　找到時代產業藍海

金只補充說：「老闆親力親為，員工都看在眼裡，這樣的行為影響員工的工作態度，大家做好分內的職務，也樂意分享跨部門的經驗與知識。蔡董事長的同理心一向令我印象深刻，她總是笑臉迎人，給予同仁們充滿朝氣的感覺。」

最後，她想要勉勵公司新生代的員工：「我在職場的生存法則就是勇於接受挑戰，擁有面對問題的勇氣，這是一項放諸四海皆準的基本法則，如此，才能成就自己的職涯成就感。」

話說，戰後嬰兒潮的世代，打破各種成規，構成了所謂的社會基礎，是累積財富的一代，也一直主導著社會變遷，往後的十多年，這批戰後嬰兒潮世代族群，逐漸到達退休年齡，隨著這群人的退休，市場將出現一群新的消費族群，觀察社會脈動與需求後，你有新想法如何經營這塊新興的銀色商機嗎？金只表示，這片新藍海絕對是居家清潔服務業的另一種轉型方向，也意味著未來無限的商機。

喜當幸福青鳥　證明存在價值

邱小鳳
◎職稱：新北市分公司儲備幹部
◎到職日：二〇一三年七月八日

「在新北市駐點工作的心境是複雜且十分矛盾拉扯的。旁人總是不解，不就是在清潔公司做客服嗎？怎麼會需要常常會議、研討、課程之類，甚至又要把一個南部人大老遠調到北部去上班？」新北市分公司儲備幹部邱小鳳描述駐點草創的辛苦過程，面對如此複雜又忙碌的狀況，或許就是種被需要的感覺，也可能是懷抱著一顆守護管家們的心，更或者是小鳳知道在媽咪樂這間公司能夠看到自己的未來、能夠得到其他工作所無法比擬的前景。

喜愛快樂學習氛圍 願意一路追隨公司

新北市是公司北上拓展的重要節點，小鳳受到公司的肯定及重視，委以開拓市場的重任。然而，為何公司不直接從當地晉用，而要從高雄調派北上呢？小鳳笑著解釋，最主要的原因應該是南部的人員普遍較親近公司價值核心，進而認同公司的經營理念和文化，願意追隨龍總經理推動未來藍圖。其實，公司不斷嘗試在中、北部徵求培訓在地的儲備幹部，但因為外界對清潔產業的刻板印象，以及客服得同時面對來自客戶與管家不同型態的壓力，需要智慧也具有挑戰性，因此對於人員的晉用把關相當嚴謹，才能找到適合且值得公司長期培養的人才。

小鳳表示，員工願意一路追隨龍總經理，就是喜愛媽咪樂的學習氛圍，並且學習老闆處理問題時的智慧與豁達；不過，老闆從不套用大道理來提點員工待人處世的學問，也不輕易訓斥員工。而是在遇到員工發生狀況時，說出他很酷的經典語錄：「你最近沒看書對不對？快去看書吧！」小鳳笑說：「說真的，我從未見過一位老闆老是督促員工看書，而且還花錢送去上卡內基課程，多數的老闆只會要求績效和工作量！龍總經理常說：『媽咪樂是學習型組織，我們要永遠樂於分享，讓大家在各方面都過得更好。』老闆真的不是口頭說說而已，實際上亦實質去塑造這樣的工作環境。」

容忍犯錯補正傷害　視管家為重要資產

小鳳表示，龍總經理對於「犯錯」這件事的容忍度比一般老闆來得大，他覺得只要是人，犯錯很正常，反而在意的是『如何補正對於錯誤所造成的傷害？而不是要大家浪費時間在指責對方的過錯上』。她說：「龍總經理一直傳遞我們『不要用情緒做事、不要用自己獨力做事、不要用個人角度做事』的觀念，而要時常提醒自己，從對方的角度和立場去揣摩，想想這個角色會說出什麼話？會做出什麼決定？……等等。」

特別是和管家們的溝通互動，龍總經理強調管家是公司重要的資產，小鳳認同道：「如果當下有了爭執點，不要急著爭論是非對錯，一時壓不住脾氣，形成硬碰硬的狀況，最後一定造成雙輸的局面。如果沒有處理好這類不愉快的爭執事件，很可能導致長久的努力功虧一簣！」也因此，小鳳總是用心且耐心地去處理問題，將管家們視為公司重要資產；這也讓小鳳

更能體會到家人、朋友之間的相處不也應該如此嗎？媽咪樂既然如同一個大家庭，就應該是講愛勝過講理的地方；倘若真心將同事視如親人，對方一定也會感同身受。

成功說服管家轉念　獲得滿足與成就感

小鳳舉了一個近期發生的故事：一位入職已有一陣子的管家和她提起想要離職的念頭，原因是家中白天沒有人可以幫忙照顧年幼孩子，所以，想要轉換跑道，另覓工作。

由於這位管家自入職以來，表現並非一帆風順，特別是初期狀況較多，不過，小鳳並沒有放棄，期間不斷地給予諸多鼓勵和實質協助，以及上課訓練……等等，想盡辦法讓她能適應這份工作；好不容易，現在管家的工作品質穩定了，也得到客戶的肯定，但卻突然提出離職。「老實說，心裡十分難過，好不容易讓這位管家變得更好，未來有機會升遷，眼看一切努力即將付諸流水。」小鳳惋惜地說。

而在協調離職的過程中，小鳳發現自己的情感更是汩汩流動，因為曾經真心付出過，所以在協商階段便動之以情，告訴她：「你看見自己現在的成就和轉變，媽咪樂是一處看能力、可表現的地方，在這裡，可以看見工作願景，只要願意繼續努力學習，絕對可以改善目前生活的窘境，眼光放遠，堅持下去，必定能一步步成為金牌管家，將來給孩子更好的生活保障。」小鳳說：「其實她心裡非常清楚，媽咪樂這份工作實質意義甚大。最後管家終於答應我，不會將離職當成唯一的選項，會先嘗試一切可能性，不再輕易提辭呈。很開心能夠說服管家轉念，並且樂意給予任何做得到的協助，這是我無形的責任，同時個人也從整個過程中獲得了極大的滿足和成就感。」

享受樂在工作　成為幸福青鳥

「坦白說，我不喜歡一成不變的工作，所以，才從坐辦公室、一成不變的會計工作，轉換到補習班擔任櫃台人員後，再進入媽咪樂。」來到這裡，小鳳相當開心，並且肯定公司在育才方面的投資：「媽咪樂在訓練人員這塊從未停過，也從沒少過，而且人才永遠都嫌不夠！看著每位同事從零到有、養成專業的過程，相信自己和別人都頗有成就感。這份工作很少有重複的事情會發生，極具挑戰和創新，算是相當好玩的工作。」小鳳在媽咪樂享受「樂在工作」的感覺，也常和同事分享：「其實，我們不光是清潔服務從業人員，應該試著把自己想像成是可以為客戶帶來幸福的青鳥，全心扮演好散播幸福的角色。」

她娓娓道出了一個實際案例：客戶是一對大約七十歲、經濟無虞的老夫婦，先生是失明狀態，也沒有和子女同住；外出行程大多是看醫生，其他的時間幾乎都待在家裡。就在管家去老夫婦家裡的一次服務中，一進門，總覺得家裡飄著一股淡淡的瓦斯味，便機智地告知老太太；老人家嗅覺遲鈍聞不出來，結果在管家的堅持下，還是找來了檢測人員。經過多次檢測，赫然發現天然氣管線真的外洩了！這次的事件還好有管家的機智與高度堅持，才免於一場可能的災難。從此之後，每當管家到

DISCOVERY

府服務完畢，看不見的老先生都會要她到跟前，親切地握著手詢問：『最近過得好不好？』就像是父親一般關懷她，讓管家感到相當安慰。小鳳說，她聽到這個故事時，全身起了雞皮疙瘩，真的很感動，一份工作之所以能與眾不同，不就是這個價值嗎？無法複製的同理心，一個好的氛圍能夠維繫一個正向的能量，讓每位同事都能發自內心，把客戶當家人看待，這個就是媽咪樂的核心價值。

跟隨公司腳步前進　期待留下生存價值

在媽咪樂工作是看得到未來的，小鳳表示，龍總經理時常告訴大家，他自始至終只做一件事，就是「想盡任何辦法讓大家的收入增加」，一位老闆念茲在茲都是把員工放在首位！舉凡在媽咪樂工作的員工，只要肯努力、願意追隨公司腳步，都會獲得公司的肯定。目前媽咪樂已經幫員工規劃好了五年和十年後的計畫，並且已經著手規劃證照，不僅可以讓管家收入增加，也增加了職業尊嚴及成就。

將媽咪樂的工作視為一生志業的小鳳，會希望在公司留下些什麼？她爽朗地笑道：「希望每個人在談起我的時候都能說出『小鳳是一位很棒的人！』這樣的話語。一路走來，歷經很多心路轉折，成長很多，對人、事、物，都有了更成熟的應對，在公司如果能有些成就，都是值得驕傲的一件事！不管同事間共事多久，都希望每個人能夠感受到因為我的努力而產生更高的價值！」

給予舞台和機會　加入幸福的行列

石丞妏

◎職稱：南台中分公司儲備幹部
◎到職日：二〇一二年八月一日

今年進入媽咪樂工作滿五年的南台中分公司儲備幹部石丞妏，進入公司之前，曾做過保險業務、倉務管理、旅行社；在從事保險業務期間，因為想要一份穩定的收入，當她在網路上看到媽咪樂正在應徵「客服行政專員」時，便抱著一試的心情去應徵，但經過紀營運長面試過後，丞妏原自認應該沒希望了，沒想到最後竟峰迴路轉。

遇貴人點醒夢中人 重視細節晉升主管

「紀營運長當時問我：『管家不在規定時間跟妳要求領取物料，你會給她嗎？』，我就回答『給她呀！』」因為不清楚媽咪樂的作業流程，丞妏在面試時如此坦率地回答，結果，紀營運長告訴她：「應該請管家自己想辦法，要不然就在指定領料時間內上網登錄。」

紀營運長連續問了她三個問題，丞妏自認每個問題都回答不好，面試結束後，她心想：「應該不會被錄取了！」沒想到事隔一週後，媽咪樂竟然通知上班，她笑說：「我記得當時好開心呀！起薪比我在當保險業務員的薪水還要高呢！」

進入媽咪樂之後，紀營運長肯定丞妏的管理能力，而紀營運長也成了丞妏口中的貴人。因為，紀營運長曾給過她一句話：「恨鐵不成鋼！」原本個性大辣辣的丞妏因為不拘小節，對於不在行的表單，一點也不想花心思去理解，直到紀營運長對她說：「如果你只想當一個專員，文書與細節可以不用學；但是，如果想當主管，細節與表單都要學會！」紀營運長的話點醒了丞妏，她開始強迫自己重視小細節，並且一步步晉升主管。

業務工作高壓低薪　遭遇背叛決心轉職

在進入媽咪樂之前，丞妏在保險經紀公司一待就是五年之久，不過，因為業績表現並不亮眼，平均月薪還不到兩萬元。身為長女的丞妏，家境並不富裕，從高中就開始辦理助學貸款，直到大學畢業已累積一筆高達八十萬元的學貸，薪水在負擔生活基本開銷後，就已經所剩無幾，更甭提償還學貸；加上保險業務壓力十足，讓丞妏開始萌生轉職的念頭。

「當初會進入保險業，是因為聽朋友說保險業比較好賺，業績高就有高佣金。」丞妏笑著說。不過，畢業於台南致遠管理學院觀光休閒系的丞妏，因為個性溫和的關係，在競爭激烈及需求飽和的保險產業，就算認真替客戶規劃醫療及壽險保單，短期也不容易有進展，佣收自然不高。薪水少，其實不是丞妏最後會離職的理由，真正的主因是對當時主管的不信任。

丞妏就讀大學時，有位父執輩教授對她很好，沒想到，保險經紀公司主管明知丞妏與教授的好交情，竟然在透過她認識教授後，私底下找教授簽下保單；事後，教授無意間說了這件事，主管卻還瞞著她；最令丞妏難過的是，當她向對方求證，對方不但不承認錯誤，還說了一大堆藉口搪塞，甚至說要把佣金分一半給她……，回想起這件事，丞妏至今依然難過那種被背叛的感覺。

昔日經驗化為養分 協助管家順利晉升

丞妏的媽媽曾經對她說：「我不要求你有多大的成就，但絕不能做壞事，還要學會尊重別人。」媽媽的話她銘記在心，且深深影響到她待人處事的態度，隨時自我警惕。當丞妏離開保險經紀公司後，原本想轉換跑道，卻又被朋友鼓吹加入另一家保險公司。她表示，這家美商保險公司擁有完整的教育訓練制度，每個月還有激勵月會，主管們總是無私地分享經驗，同事也會相互幫忙。雖然在美商保險公司業績較以前好一些，但月薪頂多兩萬多元，仍然無法償還龐大的學貸，因此她再度轉職。

二〇一二年八月，丞妏正式進入媽咪樂中高雄分公司擔任客服行政專員，她抱著既期待又怕受傷害的心情進入媽咪樂：「由於中高雄分公司成立時間最久，當時我才二十五歲，卻要帶領一群年齡比媽媽還大的管家們，壓力真的很大！」沒想到，在媽咪樂一晃眼，五年就過了。

過去在職場上的種種經歷，成了她進入媽咪樂工作後的養分。因為從事保險業務，得處處為別人著想、規劃保單，養成了丞妏樂於助人的個性；而管家要從組長晉升到金牌管家必須考取證照，往往需要利用晚上時間拍攝影片，她也願意挪出自己的時間，陪著管家學習成長，就這樣一路協助三位管家順利晉升為「金牌管家」。

給予舞台激發潛能　自我警惕不再犯錯

人有無限的潛能，而丞妏的潛能也在媽咪樂被激發出來！她在媽咪樂任職期間，待過台南分公司、中高雄分公司、南台中分公司。猶記得被調任到南台中分公司時，因為原本的台中駐點經理因故離職，媽咪樂有意栽培她，願意給予舞台，讓丞妏在南台中分公司晉升為儲備幹部。

當丞妏來到人生地不熟的異地，不知道自己是否能勝任這份工作？因此，她更下工夫與管家相處，並且培養新人。「前駐點經理不愛用八年級生，總認為年輕人待不久，但我願意給年輕人機會。」接下南台中分公司後，她給了三位八年級生機會，最後成功讓其中兩位年輕人留下來當管家，她笑說：「結果證明我的想法是對的，人的潛力是可以被激發出來的。」

但與管家相處的過程中，丞妏也曾面臨「真心換絕情」的慘痛經驗，讓她自此記取教訓，絕不再犯相同的錯誤。「因為管家投訴勞工局，我生平第一次走到勞資協調。」她說。這位管家自認在工作時受傷，在沒有任何醫療證明下，要求公司支付醫療費，但因不符合勞保職災規定，公司無法支付這筆醫療費，管家最後就投訴勞保局。

「管家因故不出勤得寫假單，這位管家提不出醫生證明，也未寫假單，我卻心軟地讓她請假！」丞妏有些歉疚地說。事後，龍總經理並未指責、也沒處罰，只是要她從中記取教訓，「不要再犯同樣的問題，就是對媽咪樂最好的

回饋」，這番話讓丞妏感動不已，也把這件事擺在心裡自我警惕。

與管家們互動良好　珍惜寶貴同事情誼

每到年底，媽咪樂都會舉辦夜間訓練，所有管家都會回到公司，丞妏與同事佳靜想玩點不一定的激勵，就親自寫卡片給二十多位管家，感謝她們一年來的辛苦與協助。沒想到，管家們的反應超出預期，紛紛回信給她們。丞妏與管家互動頗佳，很多管家把她當成女兒，因為凝聚力強，一號召管家參加公司的春酒宴，參與率高達七成，讓她開心不已。

而媽咪樂的教育訓練與福利制度，亦讓丞妏津津樂道。她說：「入職前，必須配合中小企業網路大學平台進行職前教育；入職後，不僅參與媽咪樂大大小小的訓練，也有機會參加卡內基課程。當我上完卡內基課程，從此勇於上台發言，這才發現原來自己也可以上台分享，面對十多位管家不緊張，還能完整陳述公司的制度與流程。」

至於媽咪樂的福利制度，丞妏說，公司每年舉辦員工旅遊，她因此去過新加坡、沙巴，今年十月還將到日本旅遊。媽咪樂穩定的收入，也讓她有多餘的時間與金錢，可以到國外走走，也因為同事的大力協助，讓丞妏得以放心出國旅遊，就連蜜月旅行也去土耳其玩了十天，讓她對同事情誼相當珍惜。

大家共好一起成長 家人支持繼續留職

回想進入媽咪樂這五年來，讓她自我成長了不少。丞妏表示，媽咪樂的企業文化，就是希望大家共好、一起成長，她也在媽咪樂培養了運動與閱讀的習慣。今年二月，還在高雄參加廿五公里的超級馬拉松賽，不僅證明了自己的體能，同時也是挑戰極限。她說：「龍總經理會關心每個駐點的情況，去年底在台中駐點夜訓後，就約好隔天早上一起跑步，跑步時，龍總不只關心我的工作情況，更提醒要多回南部探望家人。」

事實上，丞妏人生兩件重要大事，都是在媽咪樂發生的！二〇一六年四月結婚的丞妏，最難過的事，就是父親於同年三月因癌症病逝，沒能親眼看到她披婚紗。在她因結婚開心、因父親病逝難過時，好同事佳靜都在背後扮演支持的力量，不僅一手包辦了她的婚禮策劃，還號召同事包了一台小巴南下參加婚宴；而蔡董與龍總也親自參加丞妏的喜宴，她感動地說：「蔡董不僅寫了小卡片給我，還對我說，我是第一個從媽咪樂嫁出去的女兒！她就像一個媽媽，很關心駐點同仁的工作情況，對員工真誠關懷，無論再怎麼忙碌，都會答覆同仁的問題；每當遇到客戶或管家有問題無法解決時，也會提供意見或方法，協助解決問題。」

因為另一半的支持，結婚後並沒有因此影響工作，丞妏不僅繼續堅守崗位，還接受媽咪樂的外派駐點任務，「先生留在高雄工作，我則在台中工作。」也因為家人的全力支持，還有同事的相挺，讓丞妏在媽咪樂勝任愉快：「媽咪樂沒有小圈圈，同事之間不會勾心鬥角，與一般公司截然不同，這也是我很愛媽咪樂的原因之一。」

目標明確前景可期 鼓勵加入幸福行列

丞妏認為，國內的清潔產業具有前景，而媽咪樂具有前瞻性，重視客戶隱私，讓客戶安心、放心地 把家交給媽咪樂，讓管家為客戶創造健康、清潔的居家環境；她也感受到媽咪樂的企圖心，因為老闆給了明確的願景，一步步帶領員工朝著目標前進。

她說：「剛進來媽咪樂時，全台分公司有九家，當時龍總經理說，未來將拓展到十五家，目前已展店到十二家了，媽咪樂真的朝著龍總所說的目標邁進。」此外，媽咪樂亦積極推動清潔人員的認證制度，走在國內清潔產業的前端。

丞妏認為，媽咪樂內勤人員的薪資與升遷制度完善明確，讓員工願意跟著公司走，只要肯學、肯做、肯付出，媽咪樂都願意提供機會與舞台，她說：「我從沒想過要離開媽咪樂，反而希望志同道合的夥伴，跟我一起加入媽咪樂的幸福行列！」

追隨公司美好願景　認同產業無限商機

呂淑喬
◎職稱：總公司財務管理師
◎到職日：二〇〇九年九月一日

因為「二十二K專案」的媒合，淑喬開啟了進入媽咪樂的職涯：「身為社會新鮮人，我認為在工作上沒有太多的想法，就是一個好想法，只要肯學習、肯歷練，一定可以有收穫，付出的努力都將是往後成功的墊腳石。在學校主修財務金融系，進入媽咪樂的第一個職務歷練，是接近業務端的客服專員，雖然不是財經領域的職務，但也是戰戰兢兢地學習，公司內勤人員必須熟練業務問答，學習與客

戶的溝通技巧，以及公司產品的特色，我都盡全力去了解。」

努力累積成功 建立革命情感

她描述自己在媽咪樂的情形：「記得剛進公司的時候，高雄還沒有分拆駐點，要處理整個高雄區的業務和派班等工作，業務量真的很大，有時候甚至加班到晚上十點或是十一點才下班；實習專案一年的期限很快就到了，當時的工作雖然很辛苦，卻也很充實；而願意撐下來的主要原因，是因為看見公司的願景，公司讓我成長與歷練，加上媽咪樂整個團隊的合作氣氛十分融洽，例如：在處理公事，事件已經跨領域超過自己的專業，或是遇到棘手的案子時，絕對不會有求助無門、孤軍奮戰的感覺，部門間會相互支援，幫助解決所面臨的難題。同事之間大家互相勉勵、相互支持，秉持為未來打拼的目標而努力，建立起共同奮鬥的革命情誼，這種感覺是非常難能可貴的。」

外調歷練成長　回歸金融專業

剛進入媽咪樂的時候，淑喬就明顯感受到，這家公司非常樂意栽培新人，只要自己願意，公司都能夠提供盡情發揮的舞台，她期待，自己有一天也能成為媽咪樂舞台上閃亮的一顆星。

自學生時代起，淑喬就很憧憬到外縣市的生活，因為從小生長的環境到學生求學時期，地緣關係都集中在南部的高、屏地區，不免嚮往中、北部不一樣的生活節奏，有機會便想要北上，多看看外面的世界。來到媽咪樂不久之後，公司果真提出外派至台中駐點的要求，她毫不猶豫地答應了：「當時，我接受公司外派的想法很單純——因為不想在年輕的時候，滿足於安逸的工作；畢竟，社會新鮮人的職場經歷就像是一張白紙，公司提供一套畫筆，端看我用什麼樣的色彩去繪製自己想要的生活，相信經過外地的歷練，這張白紙將會增添許多色彩。公司對於外派人員所提供的福利非常貼心，除了提供住宿，還有物價補貼與交通津貼……等等，讓我可以更加安心地在外地生活。」

在媽咪樂擔任客服專員大約有兩年的時間，後來因為某位業務能力頗強的財務主管，希望能夠改派至業務端工作，在這個機緣下，淑喬便與之對調職務。她說明調職的想法：「我當時認真思考過，就長期的發展性而言，自己還是喜歡回歸到會計專業，畢竟從高職到大學都是學習會計金融方面的知識，對於會計工作仍然有一定的熱忱。」

放棄打工度假體驗 激發問題解決能力

調至財務部門，淑喬歷經楊經理嚴謹的訓練，獲益良多，也學到許多上市櫃公司財務制度規範的技巧。「在楊經理的麾下，曾經發生過一段插曲，我本來的個性就是嚮往過著不一樣的生活，幾年前，受到朋友影響，曾經想到澳洲體驗打工度假的生活，當時楊經理幫我分析兩年歸國後所面臨的狀況。再次沉澱思考，權衡現實之後，得到的結論是——兩年後，我或許可以在任何一家公司找到會計的工作，但是，可以保證能夠再找到像媽咪樂如此單純、友善的工作環境嗎？可能再遇見如此願意栽培自己的好主管嗎？可以再找到一間這麼有發展性的公司嗎？」數度反問自己，不變的答案讓淑喬選擇繼續留在媽咪樂工作，暫時拋棄出國打工度假的想法。

成為媽咪樂一員最大的收穫就是——激發解決問題的能力，遇到問題會主動嘗試解決，而不是只做沒有建設性的回報。「例如：最近公司遇到一宗國際詐騙案，在半夜時段利用網路漏洞盜

打公司專線，進行電話詐騙行為。我協助處理此事，在打了多通諮詢電話後，終於整理出一些頭緒，向各機構尋求協助，再進行法律責任與電話費用的責任釐清，終於妥善解決。雖然這個事件的處理過程和財務沒有直接關係，但是我卻因此增加了生活經驗。」她說：「總而言之，在職場上就算遇到沒有辦法解決的事，還是要盡最大的力量進行解決，這就是媽咪樂要求員工需要具備的積極態度。」

考證照創造共好　邁向上市櫃公司

公司升遷平台順暢，以及制度化的薪資結構，讓每一位員工都看得見自己的未來，這也是淑喬認同媽咪樂的地方，她更以行動來讓自己和媽咪樂達到共好的理想：「不可諱言，公司是以業務為導向，提供的專業訓練多屬於業務端的訓練，關於會計財務端的進修就必須自己去找課程。在這方面，我一直持續增加自己的專業度，為了要成為可以獨當一面的合法金融會計從業人員，努力考取國家記帳士的證照，為公司在財務稅務規劃上，達到最大的效益。」

淑喬十分看好公司和產業的願景：「實際上，我的職涯規劃和公司願景有一定的連動性，如果照著媽咪樂的願景前進，目前是有計畫地朝向上櫃公司努力，因此，只要是稅務相關課程，我都十分樂意去進修。而上櫃案的前置作業，牽涉的範圍很廣，對於該領域，自己還是陌生的，希望能跟著楊經理學習更多的實務經驗。」

持續創新提供服務　產業隱藏無限商機

居家清潔產業的市場無限寬廣，媽咪樂做出了市場區隔，以精緻居家清潔服務為導向，其中最關鍵的利基是管家們已經獲得客戶信任進入家中服務，這背後隱藏著無限大的商機。

而媽咪樂也總是站在客戶的角度思考，持續思考著還能為客戶提供什麼樣貼心的服務？陸續推出洗衣機的清潔、清除床墊塵蟎等加值服務，不僅拓展業務領域，也增進客戶的生活便利與健康。

或許假以時日，媽咪樂也會參考日本的經營方式，進行異業結合，在居家清潔

的同時，進行更多元的服務，例如美容、美髮業……等等附加服務，公司永遠跟著世界脈動，觀察時代潮流，適時地在經營上進行調整。淑喬充滿信心地表示，媽咪樂是一間不會墨守成規的活潑公司，未來將會在眾人眼前展現更多的創意與驚喜！

高度配合獲肯定　處處學習樂分享

王月玲

◎職稱：北台中分公司駐點經理
◎到職日：二〇一一年八月十八日

從專科畢業後，月玲即進入到某知名電信公司擔任客服人員，成為社會新鮮人。由於電信客服上班是輪班性質，有可能是中午上班，下班也將近深夜了，休假也是採排休式，往往休假時，家人和朋友皆要上班，無法相聚；而每日接聽電話近百通且來電多數為抱怨電話，久而久之，本身情緒也會受到影響，有時不免間接波及家人和朋友。

訝異老闆平易近人 勇離舒適接受歷練

離開電信產業後，在人力銀行搜尋職缺時，看到媽咪樂在招募「客服行政專員」，雖然對清潔業很陌生，但月玲一看到固定上、下班，以及隔週休的工作性質，相當心動，確實是符合自己想要的模式，因此決定到媽咪樂應徵。

「第一次面試是人資謝經理，複試是龍經理，原本我以為兩位皆是一般主管，後來才知到自稱龍經理的其實是總經理，也就是公司老闆；沒想到他那麼親民，願意與第一線的員工聊天，並了解求職者的心情與想法。」月玲回憶中帶點感動。

入職前，她雖然知道客服行政專員的工作內容與之前在大公司的工作模式不太相同，但心中一直有個想法——只要遇到不懂的地方，有人可以問、有人會教就好了。入職半個月，主管詢問月玲外派到外縣市的意願，由於當時面試時，謝經理和龍總經理都曾詢問過這個問題，因此早有心理準備的她，就欣然同意了。

一個月後，月玲調任台南分公司，在外派期間，她其實相當感謝公司，因為學生時期不曾離開過台中，所以，剛到台南時，大到拜訪客戶，小到尋覓用餐，所有大小事都要自己面對、自己處理，她很感謝當時的同仁——靖雯適時的幫助，同時給予像家一樣溫暖的感覺。

後來，月玲又轉到高雄分公司接任儲備幹部，一待就是兩年多，因為表現優異，再度被升任分公司主管，帶領卅多位管家；直到今年初才轉調回北台中分公司，接任駐點經理。

高配合度贏得讚賞　自我提醒注意細節

外表看似沉穩、獨立的月玲，實際上在家卻排行老么，從小備受呵護，因為進入媽咪樂，才有這個機會獨自到外地工作，也謝謝公司提供宿舍使家人放心讓我到台南、高雄分公司歷練，也有了學習獨立生活的機會。加入媽咪樂這個大家庭，一晃眼就六年，外地的歷練不僅使月玲了解到不同區域管家、客戶的習性，也在多位主管身上學習到很多的經驗與細節。

「過去的都是獨立作業，從不知道如何去帶領同仁，擔任儲備幹部時，開始接觸如何放下自己而聆聽同仁的心情，還有決策事情的能力。」月玲很感謝這麼多年來管家們的協助，以及讓她在旁學習經驗的多位主管。她永遠記得，在擔任高雄分公司駐點經理時，要帶領二十多位管家的經歷，那是一段忙碌卻充實的回憶。而進入到媽咪樂至今，龍總經理總是不斷地告知我們要站在他人立場去為同仁著想，並且不吝嗇地分享經營經驗，他不斷告知，基層人員在乎的是薪水與休假，並提醒著我們要注意應對小細節，所以一旦遇到管家切身相關的問題，除了會持續追蹤外，也要跟管家說明情況。

記得有一次，有位管家向她詢問獎金還未發放的事，月玲以半開玩笑的口吻回應：「我已經幫你申請獎金了，你是有那麼缺錢哦！」沒想到，事後這位管家難過不已，這件事還是其他管家偷偷告訴月玲，她才知道自己犯了「說者無心，聽者有意」的錯誤，趕緊向管家道歉，才讓對方放寬心，自己爾後在言行上也更加小心。

始終與管家同陣線　喜歡閱讀愛上運動

讓月玲印象最深刻的是，她剛轉任高雄分公司接主管職時，有位管家的家人突然往生了，「她打電話回公司時情緒很平靜、沒有哭泣，我真的很佩服她的鎮定！」而月玲也告訴這位管家：「沒關係，你好好處理家裡的事，別擔心工作問題，大家都會等你回來哦！」

始終與管家站在同一陣線的月玲，雖然在電信公司歷練了十年的客服工作，但畢竟是後勤單位、只用電話交談，當她六年前進入媽咪樂任職後，每天得和客戶面對面溝通，她苦笑說：「電信公司是用電話客訴，媽咪樂有時還得和客戶面對面。」但月玲只要接到客戶反映，一定會耐心

傾聽，了解是那裡打掃不乾淨亦或人員問題，精準地掌握狀況，才能解決問題。

月玲就曾遇到一位長輩，偶而會打電話來客訴，經由實地探視、多次與客戶對談的過程中發覺到，原來這不是客訴，是老人家很寂寞，想找人聊天、紓發情緒。此後，月玲有空就陪她閒話家常，客戶的情緒也就慢慢變好，不再撥打客訴電話了。

對月玲來說，媽咪樂是個大家庭，駐點每天都會視訊開會，把自己所看到、想到的案例與同事分享；而媽咪樂也重視學習，她說：「老闆總是鼓勵我們要多運動、多看書。」現在的她，喜歡看一些有關於成長、溝通、人性相關的書籍；而過去不運動的月玲，也在龍總經理鼓勵下，由原本的抗拒跑步，慢慢地愛上跑步，即使現在調回台中，也繼續維持運動的習慣。

願與公司同步成長　要把產業做到專業

月玲表示，過去在電信公司只要單純地處理客訴；現在得成為客戶與管家之間的溝通平台，也要隨時接收公司的交辦任務，如此讓她學到了團隊與協調、管理，這些都是自我成長。而媽咪樂的升遷透明化，公司願意提拔認真向上的員工，加上福利制度佳，她開心道：「進媽咪樂六年來，公司已經補助多趟出國旅遊。」

也因為媽咪樂，月玲有機會上卡內基課程，也學到了說話切忌太急、不要批評，還有如何與人相處。以前的她，只要情緒一來，與家人說話就會不耐煩，進入媽咪樂後，她對家人變得更有耐心；以前不喜歡與人聊心事，現在她則會和管家分享生活的點滴，關心同事的心情與家庭情況。她常對管家說：「或許我解決不了你的問題，但我願意當你的垃圾桶。」這樣的話語和態度，讓許多管家都覺得格外窩心。

而月玲也感受到媽咪樂對清潔產業的企圖心，她說：「龍總說要在全台開設十五家分公司，我剛進媽咪樂時，分公司只有五家，現在已經有十二家了，員工真的看到公司的決心。」

月玲認為，媽咪樂的目標明確，要建立清潔產業的品牌形象，扭轉清潔人員在台灣的刻板想法，吸引更多有興趣的人加入清潔產業，她頗具信心地說：「以前叫

『剃頭師』，現在是『髮型設計師』；以前叫『清潔工』，現在是『金牌管家』；媽咪樂要讓外界知道，管家不是找不到工作才投入清潔產業，而是一項專業職務，要把一個產業做到專業，並不簡單！」

面對產業充滿信心　助人助己樂於分享

成為媽咪樂的一員，讓月玲深知，清潔產業是一項專業，不單是靠體力，因此，媽咪樂推動金牌管家認證，「清潔產業絕不是傳統產業，現在雙薪家庭多、企業主事業忙碌，這個市場是被需要的、是有願景的。」她舉例，今年初剛接北台中分公司時，管家只有九個人，現在已有十二個人，客戶也在持續增加中，讓她對清潔產業的未來充滿信心。

「進入媽咪樂，我最大的收穫就是學到『共有、共好、共享』的觀念。媽咪樂高層主管常告訴員工『你們好，公司才會好』，媽咪樂不吝惜與員工分享利潤，創造公司、客戶、員工三贏。」月玲表示，她從中學到了「幫別人等於幫自己」的處事原則；「有你在真好，我們都不用擔心」，這是管家對月玲的肯定，也是她最大的成就感。

在媽咪樂，月玲看到了蔡董與龍總無私的分享，「他們都是有氣度的老闆，也是肯學習的老闆，看到好書會與同仁分享，讓大家不斷地成長學習。」她認為，媽咪樂散發著良善的氛圍，讓同事之間不會為了升遷而鬥爭。」她說：「龍總勉勵我們，凡事要先看好的一面，然而，我們總是習慣先看對方的缺點，太過執著於不好的一面，反而失去了互相學習、成長的機會。」

因此，月玲自許當個懂得分享的主管，在媽咪樂建立了工作記事本，也就是她口中的「知識小寶典」，舉凡新進員工會遇到的事，包括支票的常識，例如：什麼是抬頭、什麼是禁止背書轉讓等常識；還有電腦故障時的排除方法……等等，她說：「有朝一日，只要同事用得到的知識，我都願意與她們分享，不用額外再花時間爬文。」在媽咪樂，分享永遠是最快樂的事！

第四篇

樂在學習快樂成長

學習包容有彈性 放鬆人生更精采
（新竹 潘雅琪 店經理）

找回生活品質 學習樂於分享
（南高雄 謝泰芸 客服業務）

重新學習與成長 感受真情和溫暖
（桃園 莊貴婷 儲備幹部）

不間斷自我轉變 與公司同步向前
（新竹 陳怡慧 儲備幹部）

學習包容有彈性　放鬆人生更精采

潘雅琪
◎職稱：新竹分公司駐點經理
◎到職日：二〇一二年二月十三日

居家清潔本來就是訴求服務的行業，因應時代潮流，面對客戶的各種要求，每位員工都需要具備發現問題及解決問題的能力，對職場人來說，是相當大的挑戰。新竹分公司駐點經理潘雅琪說：「我時常激勵自己，我就是做得到，沒有什麼做不到的，做不到再換個方法，總是會做到，只是方法不同而已，也許這個方法不適合，再想其他的方式，沒關係，總會找

到解決的辦法！借用鴻海董事長郭台銘常說的話『永不放棄，就沒人能打倒你』！」

父親罹癌過世 長女擔起重任

每個人都有屬於自己的故事，在雅琪高中的時候，經營模具工廠的父親發現罹患淋巴癌，這樣的噩耗對全家彷彿投下了一顆震撼彈，但由於當時父親的體力尚可負荷，在接受化療的過程中，沒有出現其他一般人有的掉髮、嘔吐等不適的感覺，父親每週至醫院報到，似乎是去那裡睡一下午覺後，便起身回家，癌細胞當時也沒有轉移或惡化的現象，所以並未對全家人的生活帶來太大的改變與波動。

後來，雅琪離家到台中求學，半工半讀就讀國際企業系，畢業後，看到許多父親先前的競爭對手夥伴都陸續轉移至大陸、東南亞等國家，她其實並不想回家接手進入傳統製造業工作，當時覺得已是夕陽工業，所以選擇繼續在台中生活了五、六年，直到父親病逝前幾個月才返鄉。

由於父親在生病期間的末八年病情控制得非常好，某天雅琪的父親感覺身體不適，因為是淋巴癌，加上雅琪的父親正值壯年，尚不到五十歲，醫師不敢大意，為他安排檢查，但等了半年卻遲遲無法入院詳細受檢，礙於年關將近，父親決定等過完年再就醫。年節一結束，雅琪的父親立刻上醫院看診，原本乖乖等候了一個多小時的門診，似乎是知道自己的身體問題極大，狀況急轉直下，無法再支撐，便至急診室緊急辦理住院，沒料在醫院待不到兩個星期，很快就離開人世了！

面對生命的無常，雅琪雖然不捨，從另一個角度來看，卻也慶幸父親沒有受到太多的病痛折磨。然而，在父親剛過世的那段日子，生活的現實問題卻為雅琪帶來沉重的壓力，身為長女，她得和母親一起扛起家庭的重擔；由於家中模具工廠因為父親罹癌晚期身體不佳，加上大環境景氣差，積欠了一些債務；幸虧父親平日為人厚道且與人為善，朋友主動幫忙協商債務，一家人總算得以喘息，慢慢度過難關。

父親過世後，媽媽變得相當依賴雅琪，家裡的大小事，總是徵詢她的意見，似乎視她為家庭支柱，使她面對事情，總是有一股說不上來、莫名其妙的「責任感」，因此，一直都不敢讓自己太過懈怠。

利益衝突勾心鬥角 職場環境天壤之別

在進入媽咪樂之前，雅琪曾在某家知名速食店工作將近六年，同事間為了排班或是其他利益衝突，相互勾心鬥角，小小的生態圈卻赤裸裸地呈現了職場的現實；這樣的經歷讓雅琪戒慎恐懼，深怕再陷入同樣的情境。

後來，她轉到小朋友的才藝補習班擔任行政人員，這份工作的薪水普通，也毫無升遷管道，缺乏工作願景；原以為才藝補習班環境單純，不會再出現前述的狀況，沒想到行政櫃檯人員卻常被老師們輕蔑，令她萌生辭意。基於種種狀況讓年輕的雅琪重新設定人生目標，希望找到一份具有前瞻性、可以看見未來、可以激勵成長與改善生活的工作，於是，她來到了媽咪樂。

剛進公司時，面臨一連串的客服專員訓練，雅琪感覺有些吃力，例如：在正式接手業務工作之前，必須在三週之內通過主管考驗的各式問題，包括情境假設等的五十題問答考驗，這項訓練不只是加強業務能力所需具備的各項知識，更是一種激勵、測試抗壓性，以及提升個人積極度的另類訓練，當下所累積下來壓力，著實有點大，然而，「要怎麼收穫，先要怎麼栽」，過程雖然辛苦，卻也讓雅琪獲益匪淺。

最令她歡喜的是，在媽咪樂不但可以看見未來願景，而且同事間沒有勾心鬥角的行為，還會相互扶持，共同面對、解決問題。「這樣的工作氛圍，正是我理想中的工作環境。」雅琪笑著說。

教育訓練明顯改變 增添彈性學習包容

自認個性嚴謹，做起事情來中規中矩，因此，雅琪做任何事情，總是預先計畫，希望一切都在自己的掌握之中，因為在求學的過程中多數是很順利的，所以她相信努力一定會有好的成果。

「我要感謝公司的教育訓練，並且免費提供卡內基課程，我在課程中獲益不少，課後更深刻體會許多道理往往最簡單，也是最困難的，例如：卡內基原則第一條『不批評、不責備、不抱怨』，通常學員都會覺得其要求的境界根本不可能存在；但是，如果慢慢地提醒自己，一點一滴地運用在工作或是處事的態度上，將會發現，所有的事情都會正向地慢慢改變。」雅琪覺得來到媽咪樂之後，自己成長了許多，明白自我情緒的管理控制，會影響同事對自己的評價，同時也與團隊的向心力息息相關，在這方面，她有了明顯的改變。

二〇一七年，是雅琪邁入駐點經理的第三年，先前面臨團隊人數不停異動，卻一直無法提升的窘境，雅琪曾忐忑地等待龍總經理的反應，結果龍總經理不但沒有給予業績壓力，還很輕鬆地對她說：「你只要上班時輕鬆地笑一笑，許多事情，包括管家人數，就會自動提升上來了。」第一年，雅琪沒有領悟到龍總經理的話，依舊照著自己的個性行事，成績仍然沒有起色。她說：「雖然那時已經開始去上了卡內基課程，可是，如果管家因為自身原因，發生嚴重的瑕疵，我仍然會耐不住性子，無法沉穩地對她表示『沒關係，公司會處理』；老闆要我嘗試對旁人和自己多一點彈性，並且學習包容別人和自己的不一

樣。所以，我強迫自己慢慢修煉，告訴自己，每一個人都有自己的個性，這也是每個人的存在價值，應該要放鬆去看待、真心去包容。」

遭遇瓶頸壓力沉重 老闆只要求放輕鬆

談起在媽咪樂所面臨到的各項挑戰，雅琪覺得管家的離職，對她所造成的壓力最大，畢竟，身為駐點經理，管家是公司最重要的資產與產能，尤其新竹地區，更是不容易應徵新人。曾經有整整半年的時間，雅琪面臨五位管家陸續離職，卻沒有一位新人能夠遞補的狀況，等於說，這段時間等同有近八十位客戶在雅琪手上流失掉了！

面對如此難看的成績單，雅琪真覺得那時的人生跌到了最谷底！她說：「那一陣子，可說是我在媽咪樂遭遇到的最大瓶頸。龍總經理嘴上雖不責備，卻開始每個月往新竹駐點跑，使得我的壓力爆表，出現嚴重失眠的現象，『每天都在當蕭薔』，睡不到三、四小時，臉上還冒出不少痘痘，就像是火山爆發般，看起來挺嚇人的。」

對於新竹駐點成績不佳，龍總經理依然不動聲色，淡定微笑，持續給雅琪正向的激勵，不斷要求她要多笑、看書與運動。雅琪當下不解：「我在心底不斷地吶喊：『客戶都處理不完了，哪有閒情逸致看書和運動?!』當時真的百思不得其解，龍總和一般總是催促著員工工作的老闆大相逕庭，總是要求員工運動、看書，起初甚至覺得龍總真的是一位正常的老闆嗎？」

後來，雅琪心念一轉，再度找出卡內基方面的書籍翻閱，頓時發現，原來之前只是上課卻從沒有認真力行書上的概念。由於雅琪一直定不下心來，管家們的心情因而跟著她的情緒一起躁動；於是，雅琪先穩定心境，並管理好自己的情緒，而龍總經理也適時將一位金牌管家及另一名暫時可以協助的管家，一共二位，轉調至新竹支援，及時舒緩她龐大的壓力，穩住管家陣容，後續亦順利招募到新人，人力逐漸提升。經過這段時間的磨練與沉澱，雅琪漸漸改變自己的想法和做法，並自覺成長不少。

最後，雅琪開心地說：「我的人生中，有太多的驕傲和第一次都發生在媽咪樂，像是第一次帶母親出國旅遊，看見她展現無價的笑容；第一次跑馬拉松，成功實現與挑戰自我；三十歲時，擔任新竹駐點經理，創造人生的第一個高峰！感謝媽咪樂給予我不一樣的人生體驗，提供創造成就感的舞台，未來，我將在這裡持續發生更多第一次的經驗，讓人生更加精采多姿！」

找回生活品質　學習樂於分享

謝泰芸
◎職稱：南高雄分公司客服業務
◎到職日：二〇一五年七月一日

「我喜歡媽咪樂，這個團隊給我家的感覺」，南高雄分公司客服業務謝泰芸笑著表示，很少遇到團隊是能彼此互相協調，董事長和總經理就像「桶箍」般把大家緊緊拉攏在一起，創造一個擁有源泉活水、彼此真誠關懷的大家庭。

職務機動樂在其中 自認找到理想工作

從小在眷村長大的泰芸，和爺爺、奶奶同住，在家中三個孩子中排行老二，卻未曾有過老二的叛逆行為，一路循規蹈矩地走著。學生時代就讀觀光科系，實習時選擇餐飲，畢業後就一直在餐飲業界服務；三十二歲時走入婚姻，由於考量餐飲業工作時間長且假日只能輪休，將來恐有育兒問題，因此決定離職，轉任行政職務的工作。

當她在人力銀行網站看到媽咪樂徵人的訊息，雖然那時對居家清潔全然不了解，但覺得工作內容「似乎很有挑戰性」，不必整天坐在辦公室，可以前往拜訪客戶，尤其公司具有一定的規模，以及明確的升遷制度，便決定加入了團隊。

「哇！這份工作果然有趣！」剛進入媽咪樂工作，實際上線不久，泰芸就有這種感覺了，她跟著資深專員跑行程，早上在南高雄，一下子又到北高雄，說不定下午又到了屏東市，這樣到處趴趴走，也許別人會覺得辛苦，但她卻甘之如飴，而且樂在其中！

泰芸開心地說：「對我而言，工作上的成就感是很重要的，所以當初在轉職時總不免覺得恐慌、有壓力，想找行政工作卻又害怕枯燥乏味，因為我需要的正是一個能與人互動溝通，又可以散發個人特質與獨特溫度的工作，在媽咪樂，對內必須協助做好行政工作，對外也得面對客戶溝通互動，反倒有種很安心且愉悅的感覺，這正是我心目中的理想工作。」

升遷制度明確　找回生活品質

公司公開、透明的升遷制度，清楚明確的資格規定與考核辦法，每年兩次的職等考評，讓員工了解並明白自己在公司的方向與願景，專員、儲備幹部、管家、金牌管家，每個職位都有不同的學習目標與教育訓練，令泰芸感受到公司相當重視員工職涯，用心提升團隊的專業；相對地，員工也會留心自己應盡的工作職責。她舉例：「像每月的專員會議，我們會更了解彼此工作的分配，並且注意相關事項，在工作時掌握得更精準，表現自然更好。」

算一算，泰芸工作至今已滿兩年，不過，扣除產假和申請的育嬰假，她實際工作年資才一年半。泰芸說：「以前餐飲業的工作每天長達十到十二小時，回到家幾乎都累慘了，連休假都在睡覺補眠，更遑論要跟朋友聚會、度假；現在在媽咪樂就大大不同了，不僅可以假日固定休息，提前安排活動，任何朋友和家庭聚會都不再錯過，真的很開心。」成為媽咪樂工作團隊的一員，泰芸認為最大的收穫就是從此擁有自己的生活，並且找回了生活品質！

最令泰芸感動的是，在她懷孕五個月時，老闆

就直接主動叫她減少外出，而公司主管也是從懷孕初期就不斷給予協助，同事間彼此支援、一同分工，尤其儘量不讓她去觸碰到藥劑，讓她感覺實在「足甘心ㄟ」！

領導特質改變態度 真正內化學習成長

在這個像大家庭般的工作團隊，領導人的特質，讓泰芸有著不同的感受。她形容「蔡董事長像袋鼠」，因為很有企業心，對外展現充滿自信的態度與能力，對內則充滿包容力，面對員工的問題，總是耐心地給予指導；而「龍總像拿著扇子的貓」，表面上是態度優雅地在搧風納涼，不疾不徐地運籌帷幄，但無形中仍會傳達明確的方向與力量。

泰芸描述自己的改變：「以前的我，常會覺得把自己的事做好就好，來到媽咪樂，聽過龍總的一番話之後，我變得會主動和同事分享工作上的苦與樂，就像家人一樣彼此坦誠交流。龍總常說『遇到問題就設定目標去處理』，即使做不好、做不對的時候被檢討，也是以鼓勵的方式來要求下屬改進；公司宛如是個大家庭、大團隊，因為龍總認為，任何不好的地方不是個人的事，公司同事都很有可能會遇到同樣的狀況、犯同樣的錯誤，所以大家要樂於分享、互相檢討、彼此鼓勵。」

「龍總永遠比你自己更相信你的能力，遇到困難，公司長官不會直接告訴你答案，而是鼓勵你自己找到方法，設定目標去處理，並且去問對的人；即使做不好可能被檢討，但在公司正面、樂觀和分享的文化之下，所有的經歷都會是一番自我學習、成長。」泰芸堅定地說：「這才是真正的內化！」

扮演橋樑角色　客戶與管家皆滿意

身為客服業務人員，就是要扮演客戶與管家之間的橋樑角色，泰芸表示，若是能妥善協調，創造客戶與管家的最大價值，就是她在工作上最大的成就感！她說：「管家很介意公司的客服業務人員是否偏袒客戶？而客戶偶爾也會認為客服業務人員是向著管家的，這時就是我發揮能力的機會。」

不過，若是需要到客戶家視察，泰芸會預先做好時間調配，利用和客戶續約的時間，順便做好督導的職責，儘量不增加管家的工作壓力，同時亦適時完成公司交派的任務。

泰芸自認「親和力、耐心、同理心」是她的個人特質，「應變能力及高EQ」則是她的最大優勢。她舉了一個近期印象深刻的案例：客戶的父母親年邁，無力清理家裡，但又很排斥陌生人至家裡清潔打掃，由於客戶平時要上班也無力前往清掃，所以想委請媽咪樂協助。

當客戶找上泰芸時，一再強調，她的母親很難接受有人到家中打掃，所以約訪時間要視母親的心情而定，最後至少有三次以上原本已經約好拜訪的時間，卻又臨時取消，只因客戶母親心情不佳，堅持不讓人到家裡來，泰芸也都配合客戶，隨時待命。

直到有一天，泰芸早上才開完早會，就接到來電：「謝小姐，你現在可以趕快來嗎？媽媽心情好，還主動問不是要找人來打掃嗎？怎麼還不來？」她聽完立即騎著機車到客戶家，以誠懇的態度和客戶的母親耐心解說，也配合其要求找適合的管家，果然一試就合格。至今管家服務已經超過三個月了，客戶母親相當滿意，讓泰芸覺得相當有成就感。

鼓勵學習分享　創造事業共好

泰芸認為居家清潔產業是新興市場，每個家庭都有服務需求，她對團隊的未來充滿信心，不過由於競爭對手迅速崛起，「我們更要穩健，憑著專業，打出一片天！」她說：「媽咪樂本身就是不斷地學習、改

進且不斷地成長、內化的企業，期許自己都能一直保持正面的態度迎接所有挑戰，不抱怨、不卸責，整個團隊才會一起成長，繼續走下去。」

泰芸覺得在媽咪樂工作還有一個很棒的特點，就是公司相當鼓勵員工學習，甚至讓員工參加卡內基訓練。「公司的教育課程很多，針對專員、儲備主管、駐點經理、管家、金牌管家，都有不同的課程設計，以及不同的目標及方向。」她肯定地說：「我們只要照著公司的制度走，就對啦！」

像專員每兩個月就要上培訓課，老闆會和專員分享「如何把工作態度與自己的人生價值觀串連在一起」？營運長也會和大家分享「一個團隊如何分工合作」？而每次課程後，大家都會彼此討論與分享心得，共同協助別人把「正能量」運用在工作上。

每次上課，泰芸都相當用心聽講，努力充電。「老實說，以前唸書時，上課都不見得如此很認真，但來這裡上培訓課程，真的會很認真地去思考。在媽咪樂，我深刻體會到分享的重要，因為每個人的專業不同，擅長的地方也不一樣，公司鼓勵每位同仁都能夠勇於表現自己的優勢，也欣賞、學習到別人的特色和優點。」她感覺自己就像海綿一樣，從課堂和同仁的分享中汲取到許多專業，之後再運用自己的工作崗位上，真是受用無窮。

以前在餐飲業工作，只要自己一家店的營業成績好就可以了，但在這裡卻有截然不同的感受，不僅是希望自己所在的駐點好，更期盼所有駐點、整個公司團隊表現都很傑出，泰芸笑著表示，這就是所謂的「團隊精神」吧！

重新學習與成長　感受真情和溫暖

莊貴婷

◎職稱：桃園分公司儲備幹部
◎到職日：二〇一五年十一月二日

十三歲即半工半讀　母親期望音樂為伴

「進入到媽咪樂，就是『學』這個字，靠著不斷地磨練和摸索，邊做邊學，從人生看不見目標的不安全感中，慢慢找到自我，勾勒出人生的新方向，更在工作中尋得難以言喻的成就感。」桃園分公司儲備幹部莊貴婷用充滿肯定的語氣說。

和一般人相較，貴婷的成長之路似乎多了一點戲劇性的曲折，十三歲便開始過著半工半讀的生活，在青春稚嫩的年紀，即踏入社會，自給自足養活自己，感受社會冷暖。從小在單親家庭的背景下，由阿嬤隔代教養而被迫提早獨立；當時進入美髮業當學徒，學費和生活費都是靠自己賺取，學美髮的過程相當辛酸。「剛開始，當然不可能直接服務客人，我的工作就是跑腿小妹，幫忙洗廁所、掃地、倒垃圾等，等到熟悉公司文化後，設計師才會開始傳授洗髮的技巧，因為要練習，下班時間經常超時下班，甚至超過十二點。而服務客人洗頭，對手部的負荷真的很大，因為長時間接觸水和洗髮精，雙手幾乎都乾燥脫皮、紅疹、潰爛；尤其到了冬天，手指都會裂開，苦不堪言。」貴婷描述美髮業的學徒生活，她磨練了快兩年的時間，後來因為手部極度不適，在上高中之後，便轉入其他服務業繼續工讀生活。

貴婷在學校選讀的科系和一般人不太一樣，畢業於中華藝校音樂科，雖然，國中的時候就開始半工半讀，家裡的經濟並非寬裕，但是，從國小開始，媽媽就送她去學鋼琴，對這個漂亮女兒有著高度期待，即使中間有些中斷，仍然希望她延續音樂之路。

放棄專職音樂之路　黯然離開保險業界

然而，選讀音樂科學費非常昂貴，由於媽媽只幫忙負擔第一個學期的學費，接下來，貴婷仍需藉由打工的方式支付學費和生活開銷。早熟的她說：「當時媽媽的期望很簡單，當初栽培我，心裡的想法並沒有要求未來一定要當鋼琴老師，或是專職走上音樂之路，反而是想，如果可以去餐廳自彈自唱，這樣的工作收入應該也不錯；但是，這些規劃都不是我心裡想要；其實，外面的就業市場是現實的，現在一般家長在為孩子找鋼琴老師時，都會選擇國外留學回來的老師，所以，我很早就認知到這樣的事實，一直只將彈鋼琴當興趣，不是當作職業。」

畢業之後，貴婷便在一家外商保險公司當內勤，因為業務量過大，必須長時間加班，導致身體不適，所以離職；不過，因為有了保險業的工作經驗，之後又再進入另一家保險公司，只是工作性質由內勤轉換成業務。由於貴婷喜歡與人互動，所以在保險工作上也創造了不錯的成績；然而，很不幸地，最後還是不得不選擇離職，原因是醜陋的人性，「業績」導致同事間的惡鬥，貴婷莫名陷入其中。「當時，有一個晉升的機會，通常屬下要晉升，主管應該開心與祝福才對，可是，當我被拔擢之後，位階就和主管平行，業績也會獨立，不再納入該主管的單位累計；雖然這是在保險業界再自然不過的生態，但這位主管居然為了業績，不惜在公司內部或是客戶端詆毀我，因為不齒如此低劣的競爭手段而再次選擇離開，轉換跑道。」貴婷平靜地道出這段歷程。

搞壞身體卻無關懷　破格任用快樂工作

後來，貴婷又進入高雄知名百貨的珠寶專櫃，從事翡翠等高級珠寶銷售的職務，表現得相當稱職；但因為用餐時間的不固定，在業務繁忙時節，經常是早餐過後，下一餐就是晚餐，中餐根本找不到時間吃，胃部因此出現問題，常需要忍著胃痛去上班，下班後馬上去掛急診，打完點滴，隔天繼續上班。然而，真正讓貴婷心寒的是百貨業同事的冷漠心態，她說：「一直覺得成功的主管是帶人更要帶心，在櫃上的業績不敢說是第一名，但是表現一直不錯，有時成績更是直逼櫃長；然而，在身體感覺不適的時候，卻沒有人關心我的身體恢復得如何？永遠最在意的是何時來上班？何時再創造業績？……。」心灰意冷的貴婷，決定另覓他職，因此，加入了媽咪樂。

貴婷開心地敘述：「能進入媽咪樂，還要感謝公司的破格任用。當初媽咪樂在人力銀行列出來的內勤職缺，學歷要求在專科以上，而我只有高職畢業；推想公司破格錄用的原因，應該是考量工作能力和累積的業務經驗，因此，才有機會進入媽咪樂擔任客服的工作。」

她表示，公司文化和先前的工作經驗非常不一樣，從前是遇見問題，就自己解決，自己解決不了，過不去了，最後往往走上離職一途。而在這裡，有任何想法和問題絕對可以提出來討論，同事們會真心的協助解決問題；討論事件的時候，對事不對人，大家透過溝通和腦力激盪，共同解決；在這裡，工作是快樂的，而且能夠感受到其他職場所看不見的熱情。

珍惜和管家的互動 多方學習深入思考

有時管家會借用教室和其他管家分享清潔技巧等，貴婷也會另外挪出時間來參與，珍惜每一個和管家互動的時間。「到客戶家服務很辛苦，希望管家回到公司時，可以看到我用溫暖的笑容迎接她們，這樣的關心不是用時間或是金錢所能衡量的。」貴婷笑道。

此外，貴婷表示，從前在學校或是美容、餐飲工作，根本不需要使用電腦製作簡報提案資料，或是做試算表之類的運用，而以前工作的保險公司，也有一套自己的系統。「不怕你笑話，我進公司時的電腦能力真的是從零開始。記得剛進公司時，公司為了要讓我了解業務狀況，希望我利用SWOT分析模式，做一項針對公司與外面業界的分析報告；當時根本是第一次聽見SWOT分析，後來求助於從事珠寶鑑定的哥哥，才解決了這個難題；也因為這事件，無形間拉近了我和哥哥的感情。」貴婷笑說：「媽咪樂讓我的人生有許多的學習跟成長，譬如說人際溝通、解決問題的能力，以及之前沒有碰過的電腦，甚至是會計、財務、人事、管理等各方面，在這裡都有所接觸且學習。」

她特別提到：「龍總經理一直灌輸我們許多觀念，要我們讀書，『藉由讀書，你會發現，當下碰到的問題，可以在先前的閱讀中找到解決方式』。讀書的確能提供我對事物不同面向的思考角度，例如，先前會把自己侷限在一個框框裡，多讀書可讓我深入思考，並且提升能力，就會看得更高、想得更遠，而不是只會專注當下而已。」

訓練課程真情分享 感受溫暖欣喜成長

貴婷十分感謝公司送她去上卡內基的課程，在人際溝通的訓練課程，不管是對管家、同事或是家人，幫助都非常大。她說：「舉個例子，從前聽到媽媽嘮叨，我就會覺得『請不要再唸了啦』！但是現在會聽媽媽唸完，然後就會站在對方的角度去思考，她今天為什麼會對我說這件事情？從她的角度來說是為什麼？她的出發點又是什麼？卡內基的課程讓我變得更加成熟與圓融，為人生帶來了不一樣的轉變。我覺得，來到媽咪樂之後，自己學習到非常多有意義的事物。」

在接受卡內基的系列訓練課程中，有一堂分

享課，分享「你最感謝的人」，當時，貴婷回憶起龍總經理對她的訓練與提攜，便在課堂上分享著：「某次與龍總經理在飯局中，我開玩笑地要求剝蝦，沒想到龍總竟然做了！當場令人好生感動！」課堂上回想起公司對於外駐點的支援，以及龍總經理暖心且無私的照顧，又對照之前的工作經歷，沒有一家公司的老闆會如此關心員工，畫面點點滴滴浮現腦海，不知為何，貴婷的眼淚竟難以自制地湧出了……。「同學都被我的情緒嚇到，當下老師要求打電話給龍總經理，結果他一接到電話，也被我的激動情緒嚇一跳呢！」提起這段故事，貴婷是想表達，從小就被強迫「獨立」，遇到任何問題，必須自己面對，假裝堅強；但媽咪樂是一處溫暖的大家庭，龍總經理更是一位值得後輩學習的「神人級主管」，與員工無距離，也讓人感覺彷彿家人般堅強的後盾；她堅定地表示：「如果當初沒有進來媽咪樂，我今天應該不可能有現在的成長。」

寬容溫暖正向鼓勵 目標明確甘之如飴

貴婷繼續述說和龍總經理的良好互動：「另外，龍總經理處理事情的態度就是，若我做錯了，他不會責備『貴婷，你為什麼這樣做？這樣做不對！』他覺得每一個人都有需要被調整的時候，這次的方式可能有比較不妥當的地方，沒有關係，下次可以怎麼做會更好，讓我們之後避免同樣的事情發生……，因為龍總有一顆巨大、寬容且溫暖的心，不輕易去責備任何員工，而是以正向與鼓勵，激勵大家成長。」

貴婷強調，再辛苦的磨練，自己都能承受。回想起之前在百貨公司的經歷，與在媽咪樂所獲得的，相較起來真有天壤之別，因此，再多的辛苦都甘之如飴。「雖然現在的工作也有壓力，可是，就像龍總經理告訴大家的，當覺得自己很辛苦、很累的時候，也就是在成長的時候，我非常認同這句話，現在正努力朝著駐點經理的目標前進呢！」對於在媽咪樂的未來，她充滿了目標與希望。

不間斷自我轉變　與公司同步向前

陳怡慧

◎職稱：新竹分公司儲備幹部
◎到職日：二〇一四年二月二十四日

「在媽咪樂的第二年開始，我就成長了很多，家人都看到我的改變。不止是觀念、想法、態度的改變，就連外表都不一樣了。你知道嗎？我以前可是留著剃掉半邊、染成花俏髮色的短髮呢！」媽咪樂新竹分公司儲備幹部陳怡慧一邊描述以前的自己，一邊秀出以前的照片，的確與眼前的她判若兩人。

為過年團圓換跑道 為心安理得再轉業

怡慧表示，過去自己是一個隨遇而安、大而化之的人，因為學校讀的是餐飲科，畢業後便從事餐飲相關工作，她待過飯店、連鎖餐飲集團，因餐飲工作年節不休息，她有長達七年的時間無法跟家人吃年夜飯，便心生轉職的念頭。為了找一個可以陪家人吃年夜飯的工作，她轉行當業務，賣過鞋子、做過保險，在加入媽咪樂之前，她甚至仲介靈骨塔位，還是那間公司的超級業務員呢！

「這個工作讓我賺很多錢，可是不會有什麼成長，更重要的是有著遊走法律邊緣的疑慮，心裡覺得很不踏實。」怡慧說。來自傳統家庭的她，父母都是老實人，給孩子的教育觀就是「不要做壞事」，既然有疑慮，便決定離開，重新找一份能讓自己心安理得的工作。

就這樣，怡慧進入了媽咪樂，成為北高雄分公司的客服業務專員。然而，這份工作與她之前的工作性質完全不一樣，初期讓習慣自由的怡慧感到適應不良，多次萌生辭意。「這是我工作以來適應期最長的一家公司！要早起、要在公司一直待著、要講電話，而且重複講一樣的事，對我來說都不容易，就連穿制服也不習慣。」怡慧回憶道。

重新學習業務話術　調至北部據點磨練

在媽咪樂工作一切照規矩來，就連跟客戶銷售也要守規矩，怡慧先前在保險、靈骨塔做業務的經驗，在這裡完全派不上用場。她表示：「以前談 Case 只要賣得出去就好，講得天花亂墜，客戶很容易就被說服了，然而，媽咪樂踏實經營的理念，必須按照標準化流程，耐心和客戶解說，確認每個環節都沒有問題後才能安排後續的服務，一開始的確需要自我調適。」

好不容易努力了半年，在第七個月的時候，營運長突然說要找她談話。怡慧心想：「慘了，是不是因為我的業績不夠好，要被炒魷魚了？」結果恰恰相反，反而是要提拔她，北調到桃園做儲備幹部。

其實媽咪樂對於能在公司工作超過半年、穩定下來的專員都很看重，因為能待半年以上，表示對於公司的經營理念、企業文化已有基本的認識與認同，只要願意學習，就是可以栽培的人才。職位調動對於怡慧而言，一則以喜，一則以憂。喜的是自己有機會升遷；憂的是要離開熟悉的生活圈，到一個完全陌生的地方。「我心裡有一個信念，當我遇到很大的困難，我就會告訴自己：去嘗試看看，反正又沒有損失。」打定主意，怡慧決定放手一搏。

到了桃園之後，怡慧的挫折感更重了，業績上不來，管家帶不動，因此又被調去板橋支援。在板橋兩個月，她暴瘦十公斤，只因為

她錯接了一個案子。

管家聯合抵制　飲食失調暴瘦

說起這個事件，怡慧至今仍然覺得懊悔與歉疚。起因她去客戶住處簽約，雖然注意到現場貓狗動物的味道很重，地上也有乾掉的血漬，仍不疑有他，完成簽約。後來管家前往該客戶家服務，回來就對怡慧哭訴，再也不敢去那個地方了。管家提到屋主在流理台上燒金紙、狗毛明明掃掉又飄出來等等跡象，對當時的怡慧來說，並不覺那些現象有異，因此還是堅持要管家繼續打掃，最後不但被管家拒絕，其他管家也認為怡慧強人所難而聯合抵制，讓已經做不出業績的她，內外交迫，苦惱不已。

「後來同事去調查，發現屋主有上過新聞，曾在家裡虐狗、虐貓。看到這樣的訊息，我立刻就去解約，並且向管家致歉；但那位管家已經被嚇到不敢單獨出班，只要單次清潔都不敢去，這件事情令我相當後悔。」怡慧說，自己因為內疚，而出現飲食失調症狀，東西一吃進去就想吐出來，使她爆瘦十公斤。幸好關心員工的老闆，了解狀況後，便將她調回桃園，同時還半開玩笑地安慰她：「別人減肥要錢的，一公斤一萬元，你應該要給那位管家十萬元。」

重回桃園業績翻紅 再遇瓶頸學習放手

回到桃園之後，怡慧總算是否極泰來。她在這段時間上完卡內基的課程，整個人就像被打通任督二脈，不但業績一路開紅盤，與管家間也建立了互信互助的夥伴情感。她說：「真的很感謝公司給予這麼完善的教育訓練課程，讓我可以循序漸進地認識自己，也認識別人。卡內基有很多觀念對我的幫助很大，例如：『不批評、不抱怨、多讚美』，『把自己的需求講出來』，以及『活在今天的方格中、放過自己』……等等，讓我從內而外煥然一新，更有自信。」

怡慧在桃園駐點經營了兩年，一路順遂之際，新的挑戰又來臨了！老闆要她帶一個新人，偏偏這個新人的年紀、資歷都在她之上。「並不是難帶，是我給自己的壓力。」怡慧說：「因為不敢麻煩她做事，只好自己扛，但又做不完，累積的工作愈來愈多，就在我快要窒息的時候，老闆說：『好吧，妳出去散散心吧！』因此就被外調了。」

老闆希望怡慧調整自己的步伐，重新出發，她卻心有不甘。「好不容易用了兩年半的時間，做出一點成果，為什麼要讓別人坐享其成？」她對於調動充滿排斥，可是念頭一轉，又覺得「把資源握在手上，又沒有辦法變得更好，還不如放出去，讓自己好好休息，想想接下來要怎麼讓自己更好」。她決定學著放手，跟著公司的決策走。

重新調職轉換心境　感動管家老闆支持

事後證明，調動如同電腦重新開機，轉換環境，調整心境，更容易走出情緒困境；

媽咪樂 居家清潔
www.mommyhappy.com 新竹營業處 03-5585333

也因為調動，她因此能在歡送會上看到自己經營的成果——桃園駐點的組長及管家全員到齊，每一位都對怡慧訴說不捨與祝福，「我何德何能可以讓這一群管家姊姊們對我這麼支持？」她深受感動地說。

而讓怡慧最感動、最感謝的還是龍老闆。在調離桃園辦理交接時，怡慧發現帳面上的金額跟手頭的現金金額不吻合，雖然金額不大，畢竟仍是短少了。她當然知道問題出在哪？「我不太會管錢，收入零用金跟自己的錢常常混在一起，帳目也沒有記清楚，確實是我的缺失。」怡慧知道，做錯事情就要勇於面對，她也願意負責。

「但是老闆從頭到尾沒有說一句重話。」怡慧表示，她為這事內疚不已，沒想到老闆非但不責怪她，還表現出完全信任的態度，甚至在主管會議上自我檢討：「團隊有一些失誤是我必須要負責的，因為我放手得太快了，沒讓對方準備好……。」

報答知遇之恩 共創美好願景

怡慧不斷提及並感謝老闆，在她做不出業績時沒有放棄她；在她陷入困境時伸出援手，調整她很多觀念與想法；甚至在她犯錯時，給她機會重新出發。因為老闆的信任與包容，怡慧下定決心要更努力，讓自己變得更好，以報答公司對她的重用與期待。

關於日後的職涯規劃，短期目標是讓自己再次獨當一面後，擔任駐點經理的職務；長期目標則會往教育訓練方面努力，協助公司訓練人才與傳承後進的工作；因為她在媽咪樂成長，也希望盡一己之力，讓媽咪樂能以更快的速度、更穩的步伐持續茁壯，實現未來的美好願景。

第五篇

勇於突破樂觀進取

世上沒有愉快的工作 只有快樂工作的人

（總公司 蕭淳勻 總經理特助）

不斷突破向上 欣喜自我轉變

（中高雄 龍燕蘭 客服業務）

突破瓶頸從容面對 樂觀進取證明自我

（中壢 張耘綵 儲備幹部）

跨越職場起落 樂觀邁向未來

（南台中 林佳靜 儲備幹部）

世上沒有愉快的工作　只有快樂工作的人

蕭淳勻

◎職稱：總經理特助
◎到職日：二〇一四年十一月十七日

穿著一襲藍色洋裝，有條不紊的談吐和平易近人的聲調，在眼前的，看似一個再普通不過的大學畢業生；但你可能不知道，年紀不到而立的她，是龍總經理的特別助理。很多人都會覺得：「年紀那麼輕，應該還在職場上碰碰撞撞啊？怎麼會讓一個小女孩當他的特助？」面對眾人的好奇，淳勻笑著說：「我也曾幾度感到疑惑，不認為自己有什麼特別技能，也沒有傲人的成績和歷練。不過，我知道的就是——遇見問題就想盡辦法完成而已。」

在某次交談中，淳匀總算把對自己的疑惑告訴了龍總經理，而他只簡單回覆：「你最大的魅力在於你的個人特質，你像是一面鏡子，我只是拿塊布把這面鏡子擦亮了，讓你可以更卓越地發揮個人特質，達到最大的價值而已！」來到媽咪樂將近三年，淳匀這面鏡子就在龍總經理的琢磨下，逐漸散發耀眼的光芒，不但成為大家認可的得力助手，同時寫下她在媽咪樂精彩的工作樂章！

車禍重創再返職場　新人立即外調磨練

回憶剛畢業的那年秋天，淳匀進入一間資訊軟體公司擔任助理，身為新鮮人，滿懷著期待和夢想進到職場；但理應海闊天空恣意遨翔的職涯生活，卻僅維持短短不到三個月，就在一場對方超速違規的車禍下，被迫劃下休止符！嚴重的車禍，讓淳匀牙齒斷裂、臉部縫合且全身多處外傷，更併發了暈眩的後遺症，不得不被迫暫停工作，黯然回彰化老家休養了一段時間。

「我總相信著每件事的發生都別具意義，若這場車禍注定要發生，我還能平安、健康的站在這裡，是何等幸運！」淳勻淡然地說著。雖然人生在事故中轉了個彎，卻也讓她變得更珍惜每一個當下；而休養生息約莫半年的時間，透過朋友引薦，開啟了她與媽咪樂緣分的大門。

進入媽咪樂初期，原被安排在協助協會推動的位子。在首週短暫熟悉公司後，龍總便要她搜尋國外清潔協會的相關資料，一週後報告；殊不知，龍總一聽完她的簡報，竟說道：「下週一派駐新竹駐點有無問題？未來你要擔任我的特助，行嗎？」面對意料之外的發展，淳勻雖一時之間無法理解，但也沒有太多的想法，就答應了。她表示：「當下真的沒有想太多，對於『總經理特助』也完全沒有概念，很多時候都是回頭看，才會明白龍總的那分用心，因為唯有歷經駐點的實戰磨練，才能實際了解作業流程上的痛點，也才有辦法站在駐點內勤、管家及客戶三方的立場思考達到真正的溝通，落實公司『三贏』的理念。」

勇敢接受外調挑戰 夜貓子蛻變早起鳥

外調至新竹的同時，龍總經理也給了淳勻幾項任務，在實際進行現場作業之際，要她以不一樣的角度去觀察，思考自己可以做些什麼？或是未來有何改善之處？而且不管多麼細微的事情，每天都要做到回報的動作，最讓淳勻無法適應的是，每天早上七點半得準時和龍總經理召開視訊會議。

「天啊！這對原本是夜貓子的我來說，簡直是天大的考驗！從學生時期就經常和同儕三更半夜討論專案，已經養成凌晨才入睡的習慣，隔天怎麼可能早起？不過，既然是老闆交待的任務，也只能使命必達了。從此以後，我就養成早睡早起的好習慣，這也算是來到媽咪樂的一大收穫吧！」淳勻說：「關於這點，龍總

倒是分享了一個很棒的觀念——如果每天一早的工作是由匆忙展開序幕，那麼，整天的情緒將會是混亂的！我覺得相當有道理，所以，直到現在，依然保持著上班日早上七點二十五分就端坐在座位上的習慣呢！」

新竹駐點大約三個月的首度外調，成為淳勻在媽咪樂的啟蒙訓練；後來，淳勻又被外調至桃園駐點，沒想到，這次讓她面臨到前所未有的壓力，甚至萌生辭意。

管家排班空前考驗　壓力過大萌生辭意

「那段日子應該是我在媽咪樂最低潮的時期，桃園駐點一下子新進了五位管家，每個管家一天兩個班，一週五天要排十個班，一個月就至少有四十個班，五個管家就要排兩百個班！光想到有兩百個空白的班表格子

要全部填滿，我就心慌得緊！又適逢過年時節，不僅新進管家，既有管家的班也得安排妥當。這一切對於完全沒有排班經驗的我來說，真是極大的挑戰！我又一向求好心切，光想著一個班表上的格子攸關三方，如何為客戶、管家做最好的搭配，又不會造成公司後續的困擾，壓力一下子變得超大，身體無法承受，導致出現心悸、失眠，甚至厭食的現象，終於在家人勸說下，向龍總提出辭呈！」

接獲淳勻的離職請求，龍總經理並沒有立即回應，卻在隔天的總公司例行早會上公佈此事，同事們紛紛致電關心，淳勻感受到許多溫暖與關愛，但仍未改變她的決定；不過，畢竟個性認真負責，縱使打定主意，淳勻仍設法將手上的工作處理好，並且體恤年節是清潔服務業最忙碌的時刻，她也願意等到過完年再正式離職。

「每天六點半出門用完晚餐，我都會再度回

到辦公桌前，面對電腦處理事務。結果晚上八、九點時，龍總來電，第一句話就是『淳勻，休息了喔』！他知道我還在工作，提醒我『你已經很努力了，做到這裡就好，去休息吧』！老闆這樣令人窩心的電話，持續一、兩個星期，他還自行處理很多庶務，儘量卸除我的壓力和工作負擔。」淳勻感動地說：「大家一些暖心的動作，讓我後來可以慢慢調整心態，穩定情緒；後來，我順利地將五個管家、兩百個班全部排滿，既有的管家及客戶也都有了妥善的安排，壓力就慢慢緩解了。過完年，龍總來到桃園駐點，看到我僅問：『怎麼樣？還做得下去吧？』度過難關之後，我也打消了離職的念頭，一直留到現在。」

累積經驗快速成長　永遠堅持做對的事

經過桃園駐點八個月的淬鍊，淳勻回到了高雄總公司，工作重心轉為總經理特助，以及客訴、異常的處理。「回到總公司後，我開始接觸許多從沒處理過的異常，例如：公司搬遷與房東的租屋糾紛訴訟、二十一年來首次的員工業務侵占訴訟，還有各項客訴的處理：質疑離職管家有傳染疾病堅持要求提供員工個資、質疑管家偷竊事件、價值百萬元的物損、誤觸一個電源所牽扯出的上萬元賠償……等，每一個事件都攸關各階段的權責劃分，以及如何在堅守公司的原則之下權衡三方、如何態度柔軟又立場堅定地讓事情有最適妥的處理，這些從來沒預設過的任務，都是我快速成長的養分。」

而隨著不同經驗的累積，淳勻對許多狀況的應付與處理也愈來愈得心應手，她語帶俏皮地說：「現在我對寫存證信函和收存證信函，也不會那麼害怕了，感覺就

是書信往來而已。」

「反正只要堅持做對的事，一切都不會錯。」淳勻分享：「前陣子看了一部電影『高年級實習生』，男主角 Ben 就說了一句引自大文豪馬克吐溫（Mark Twain）的話 "You're never wrong to the right thing."（永遠相信做正確的事情，絕對不會錯），當下真覺得心有戚戚焉，完全吻合我做事的信念！不管別人所想與批判，大膽放心所做，堅持做對的事，如此，才會成為一個更棒的人。」

運動成為全家話題　創造職場快樂工作學

不知不覺中，淳勻來到媽咪樂將近三年了，覺得彼此還會有更長的緣分；而一度為她的健康擔憂、勸說離職的家人，看到淳勻的

轉變，也改變了原本反對的態度，甚至受到了影響。例如：龍總經理本身喜歡跑馬拉松，因此將運動風氣帶入公司，經常下班時間一到，便要求同仁們關掉電腦運動去，淳勻也因此培養出運動健身的興致，她笑著說：「我現在跑完步，就會在家人的 Line 群組上面貼文『我今天跑完六公里，大家運動了嗎』？爸爸會回覆有和媽媽去爬山運動、擔任健身教練的哥哥也會在群組上給家人許多運動上的知識……等等，家人擁有新的共同話題。現在回到彰化老家，爸爸也會邀我一起去跑步哦！家人不但不再擔心我的健康問題，還可以共同強身健體呢！」

曾聽人說過，「世上沒有愉快的工作」，但看到淳勻甜美的笑容，以及爽朗的笑聲，你會覺得，任何人眼中不愉快的工作，只要是在對的環境、做對的事，絕對會成為快樂工作的人，創造出一套個人專屬的「職場快樂工作學」！

不斷突破向上 欣喜自我轉變

龍燕蘭
◎職稱：中高雄分公司客服業務
◎到職日：二〇〇六年九月一日

中高雄分公司的客服業務龍燕蘭，對人總是帶著一抹微笑，溫暖，是許多人對燕蘭的第一個印象，質樸的外表，就像是她一貫的處事態度，沒有虛華的裝飾，而是一步一腳印的實在與誠懇。一路從管家轉任內勤客服專員，對於公司成長的腳步最有感，燕蘭笑說：「這一切都是挑戰，『我努力不一定成功，但是，我不努力絕對不會成功』。」

不喜人情交際　初期任職管家

大家一定都聽過「龜兔賽跑」的故事吧?!其實，這個故事還沒結束呢！後來，兔子與烏龜變成了好朋友，他們檢討自身的優缺點，又再次參加比賽，不同的是，這次他們成為隊友，一起出發，在陸地時，兔子扛著烏龜跑步，一起抵達河邊；當準備渡河時，換成烏龜揹著兔子游泳，順利渡過了河流；上岸後，兔子繼續接手，再次扛起烏龜往終點線奔跑；他們一起抵達終點，獲得一種前所未有的成就感。」

燕蘭表示，自己是二度就業的婦女，離開職場已有多年，其實和社會有某種程度的脫節，加上個性內向，習慣性先思考後再行動，因此常給人動作慢、學習力不強的印象，因此，在工作上會倍感壓力；再度踏入職場，甚至，還有人群恐懼症的傾向，所以初期才會選擇管家的工作，原因無他，因為管家只需要專注清潔工作，不用太多的人情交際。

擔任媽咪樂管家之後，燕蘭才明白，原來清潔並非只有單純的打掃，而是一門有深度的學問，閉門造車的人絕對是不會成功的。因此，燕蘭開始請教同事，但紙上談兵，終究進步不大，後來主動向公司要求，詢問能否利用自己的時間，去觀摩資深管家的做法？仔細觀察後，終於明白清潔的效率是可以用方法達成的，公司持續精進管家技術與技能，例如：徹底執行「清潔九宮格」，客戶一定有感，因為清潔成效看得見，進而提升滿意度。

轉任客服業務職務　嘗試學習電腦操作

慢慢地，管家工作逐漸上手了，但燕蘭卻因為身體狀況的關係，接受了公司的建議，轉任內勤。「其實，這對我來說，又是一個大挑戰，內勤工作什麼都要做，尤其客服的工作就是和『人』溝通的工作，對於不擅長面對人的我，稱得上是一個難題，所以，我調整腳步，告訴自己不論是管家或是客戶端的協調，都要鼓起勇氣，先解決眼前的問題，勇敢面對不逃避，一定可以找到解決方法。」

隨著時代的進步，公司開始e化，燕蘭回憶當時的轉換期，自己對於電腦完全沒概念，又不想讓年輕人看不起，加上也要去適應新型態的管理模式，因此，她到書店購買電腦相關書籍，每天熬夜慢慢自學。只是某些書籍內容，她還是無法理解，或是操作公司系統時遇見瓶頸，就會去請教同事。初期，同事一次或是兩次的解釋和示範，燕蘭還可以融會貫通，然而，有時候還是聽不懂或是找不到答案，就不免要同事重覆解說。

「上班時間大家都很忙碌，同事見我一直詢問相同的問題，偶爾也會有情緒，遇到這樣的情形，心裡多少有些沮喪與難過，但還是必須堅持下去，直到學會為止。我很感謝好同事丞妏，剛

開始用電腦做報告時，全靠她耐心教導，在這段期間，我不斷地給自己打氣，告訴自己，學會了就是自己的！」燕蘭強調，這是她這位年輕「歐巴桑」在公司的心路歷程，也因為有這般學習心路歷程，因此，她對待公司新進的同事或是管家，隨時都帶著同理心，告訴他們，自己剛進公司時，也和他們一樣，「慢」沒關係，但是要下定決心確實學習。

重視經營人際關係　欣喜自我轉變

「許多人會問我，先生在國營事業上班，生活需要那麼辛苦嗎？為何還要選擇繼續待在媽咪樂？或許，別人也未必看見自己的努力。面對這些問題時，我便告訴自己『至少有努力過』；這一切過程，最重要的是看見自己的轉變，公司教會我人際溝通，尤其是面對管家時，說和做的技巧，差異真的很大，我在媽咪樂體會到人際關係的重要性，因此，我告訴孩子，人是群居的動物，在生活中，或許你沒辦法將所有的事情做好，但是人際關係一定要經營好，因為身旁的人說不定就是你的貴人，或是你的人生導師。」燕蘭笑著分享，她最小的女兒今年大學畢業，曾經俏皮地對她說：「媽媽，我覺得妳上班後，長大了！」

公司在龍總經理的帶領下，規模變大了，而且仍然持續成長。龍總經理也激勵員工一起學習，每個月除了安排專業訓練課程外，對於表現優異的員工還會提供卡內基的訓練課程。「卡內基基礎課程對我帶領管家的能力有很大的幫助，啟發我，讓我開始

與人互動，懂得將自己的意見表達出來，學會如何讚美人、說好話，我將這些溝通技巧，應用在自己的組員身上，例如，絕對不吝嗇稱讚管家的好表現，因為這樣正向的舉動，可以提升管家的自信心、提高其對工作的認同感與向心力。」燕蘭描述自己上課之後的轉變：「上過卡內基的課程，明顯改變我處理事情的成熟度，記得某日在家中，接到一通金牌管家的電話，在聊天之中，我建議管家如何和組員互動，掛上電話之後，在一旁聆聽的先生表示，感覺我真的變得不一樣了，現在處理事情更穩健，從了解事情的經過，然後分析，最後再給建議，井然有序。說真的，我愛上自己的改變。」

貼心誠懇達到雙贏 不斷突破勇於向上

客戶端的應對啟蒙，燕蘭則感謝紀營運長提點，總會給予不同的思考方向。記得有一次，在指導管家一個擦水漬的動作，教了十多次，對方還是做不好。「當時一時心急，沒控制好脾氣，那位管家只是尷尬地笑笑，沒有回應。」事後，燕蘭想

到紀管運長的指導，靜下心來自我檢討，如果自己是她，會需要什麼樣的幫助？後來，燕蘭將這件事反映給她的組長，才輾轉得知，原來這位管家的視力有缺陷，某個角度是看不清楚的，因此，應該提醒她清潔完之後，換幾個角度檢查，是否清潔乾淨？這件事也提醒了燕蘭在管理上的細心度，管家們在乎工作，深怕自己的缺陷失去這份工作，而她更希望用更貼心和誠懇的態度，讓管

家們能夠誠實面對自我，讓公司與管家之間達到雙贏。

此外，燕蘭認為媽咪樂的文化就是——主動找答案來解決問題，因此，遇到事情，自己就要想辦法找資料或詢問別人，這樣的改變，對於她教導兒女方面也帶來很大的幫助，例如：孩子遇到疑問，燕蘭就會教他勇敢面對，關於答案的尋求，便提醒他利用網路，善用搜尋引擎，輸入關鍵字，可以找到許多參考資料；有的時候，她也會和孩子互相交流分享找資料的方式，無形中增加了互動，親子關係也變得更加緊密。

享受工作的成就感 欣慰管家肯定付出

媽咪樂的升遷平台很順暢，只要有能力，一定會有發展的機會。「因為長期在客服的領域工作，早已磨練出一套自己專屬的處理風格；現在的我，非常享受這份工作帶給自己的成就感，用誠懇打動客戶，讓他們願意持續將清潔的服務託付給我。」燕蘭說。

其實，人生有壓力是難以避免的，但燕蘭認為，有意義的生活大多伴隨著壓力；工作上會遇到許多事情，偶爾也會產生壓力和焦慮，但是，她喜歡在媽咪樂歷練、學習，透過努力，看見管家們改善目前的生活條件，或是為公司創造最大的經濟效益，燕蘭感覺到相當欣慰。她開心地說：「許多管家和從前的我一樣，會不好意思表達自己的情緒，所以，每當管家告訴我，『龍姐，還好一切有妳！』這種成就感真的難以比擬！」

突破瓶頸從容面對　樂觀進取證明自我

張耘綵

◎職稱：中壢分公司儲備幹部
◎到職日：二〇一五年五月四日

兩年前加入媽咪樂中壢分公司儲備幹部張耘綵，短短兩年間即調派台中、桃園、中壢三個駐點，目前是中壢分公司駐點主管，全權負責中壢地區的業務。面對頻繁的調動、繁瑣的業務、開發新據點的沉重壓力，耘綵以「苦中作樂，樂在其中」的工作哲學，一一克服，展現出七年級生蛻變成「鋼鐵草莓」的能力與韌性。

勇於嘗試不同領域 因好奇加入媽咪樂

畢業於高雄餐旅學校航空管理系的耘綵，初入社會時，並沒有從事航空地勤工作，反而做起保險業務，因為想要突破自我，嘗試新的職場領域，不甘於只做個別人眼中的乖乖牌，耘綵硬著頭皮去挑戰陌生開發，也在保險界闖出一番成績之後，離開和姊姊合夥經營事業。直到公司因為一些私人因素結束營業，耘綵再度面臨職場生涯的轉彎。

選擇加入媽咪樂，耘綵表示，純粹因為好奇，她說：「我看到媽咪樂徵求內勤跟儲備幹部的消息時，感到很好奇，清潔不就是請人打掃嗎？怎麼會需要管理幹部？」為了一探究竟，耘綵主動應徵，在幾番投遞履歷後，終於接到面試通知。

面試時，耘綵透過介紹影片，認識媽咪樂居家服務集團的規模與組織後，大感訝異，因為與她所想像的落差極大；而對於這一間以女性員工為主的公司，原先也有些出於刻板印象的擔憂，「會不會有很多小團體？彼此勾心鬥角，很難管理？」

耘綵笑著說。然而，真正投入之後，才發現，比起性別，態度是更重要的關鍵。

老闆忠言卻逆耳　事後咀嚼達共贏

說到這裡，耘綵不禁要感謝媽咪樂的老闆與老闆娘，說：「他們是我的貴人，也是我的心靈導師、良師益友。」工作多年，她沒有見過這麼願意用心、用時間、用資源幫助員工成長的老闆，甚至在每一次訓練課程結束後，會主動約員工一起吃飯，聊聊工作以外的家庭生活，讓她

深深感覺到自己是被關懷、被重視的。

不管在工作上遇到任何問題，老闆、老闆娘，還有公司很多前輩跟同事，都會給予最直接、最有效的協助，以及一針見血的建議。她舉例：有一次接到客戶的投訴電話，指責管家動作慢、做得不好，把接電話的主管臭罵一頓。當時她心想：「這個管家做得不好，以後不敢再派遣她了。」沒想到，龍總經理知道此事後的回答卻是：「管家不好，是你的問題，不是管家的問題。管家有沒有準時上下班？有沒有努力四個小時？答案都是肯定的嘛！那我們怎麼可以怪她？絕對是我們沒有做好！」耘綵坦言，聽了老闆這番話，當下沒辦法接受，但她把這句話放在心上，事後慢慢咀嚼。

「每一個管家都是可以成長的，技術、技巧方面是可以調整的，她們有意願要把事情做好，如果我們可以事先提醒，她就能成長更快。所以，老闆說得對，是我們沒有做好，不是管家的問題。」耘綵說出自己後來的體悟，唯有放下「都是你的錯」的心態，才能有效溝通，做好管家與客戶間的協調工作，達到「共贏」的目標。

學習從容面對事情　突破個人管理瓶頸

　　耘綵提到，有一次，她跟老闆表示事情多到做不完，老闆卻一派輕鬆地回答：「事情本來就做不完，所以重要的事情先做，自己做不了的事情，就分配給別人做吧！不過，時間不夠代表能力不夠、規劃不好，自己要想辦法提升。」這番話又讓耘綵思考取捨的道理，如今面對排班調度、客訴處理、管家協調，以及其他繁瑣的行政事務，她不再心浮氣躁，而是能夠用一種從容自在、樂在其中的心態去面對。

　　耘綵認為自己在媽咪樂快速成長，一方面是個人的努力，一方面也是因為老闆、老闆娘的督促。除了經常在開會時叮囑主管要多看書、多運動；也會安排她們參加各種培訓課程。耘綵因此認識卡內基，課後更覺得獲益良多，後來自費去上「團隊影響力」課程，突破個人在管理上的瓶頸。

　　以前不擅長溝通，對於繁重的客訴處理，以及複雜的人際溝通，感到有些吃力，上完課之後，她把課程中學到的觀念與溝通技巧充分利用，如：辨認自己的情緒、以讚美感謝代替責罵、傾聽者的角度看事情……等，起了非常大的作用。

提升管家的向心力 小舉動成惦念人情

她提到有一位管家在服務時，不慎使得整面紗窗突然墜落，伴隨她的尖叫聲直下八樓，幸好沒有砸到人，只是把一樓住家的屋簷撞裂了。當耘綵接獲通知趕往現場處理時，看到管家驚魂未定，渾身發抖，她沒有半句責罵，反而安撫道：「不要擔心，我來處理。」耘綵先穩定管家的情緒，再與客戶、一樓屋主討論賠償事宜；最後，耘綵不但順利化解危機，也大大提升管家對公司的向心力。

身為主管的耘綵勇於承擔責任，她說：「這是團隊的工作，不能只靠個人去運作。一個團隊為一個客戶服務也是媽咪樂的優勢，所以管家出錯，絕對不是管家的責任而已，大家都有責任，也都要相互協助。」

耘綵的誠懇、用心，管家們看在眼裡，記在心裡。她提到自己要從台中調派桃園的前一次訓練課程上，一位管家得知她要調動，忽然淚流不止，直嚷著捨不得。原來這位管家曾經在服務客戶時，發現客戶家中有鼠患，卻自己默默忍受著，按時前往服務；經過一段時間，耘綵才得知這樣的狀況。她當機立斷，暫停服務，並告知客戶得先處理好鼠患的問題，媽咪樂才會再提供服務。耘綵沒有想到這樣的舉動，本是自己分內應該做的，竟然會變成被管家惦念的人情。

曾想離職陪伴母親　反被勸說努力打拚

媽咪樂對耘綵而言，是一家溫暖、正向的公司，自從加入媽咪樂之後，她發現自己比較會站在別人的立場來想事情；而從客戶、管家給的回饋中，也得到自我成長與滿滿的成就感。然而，耘綵卻一度想要離開，因為父親在她小學三年級時過世，母親獨力撫養她們四個姊妹，姊姊出嫁後，媽媽生病且只有一個人居住，孝順的耘綵放不下心。「我曾經想要回高雄另找工作陪伴媽媽，反而是媽媽勸我留在媽咪樂好好地打拚。她說老闆願意栽培我，給我機會，就要好好做……。」說到這裡，耘綵紅了眼眶。

若不是對於公司、對於經營者的認同，若不是看到女兒明顯地改變與成長，做母親的怎麼捨得讓寶貝女兒獨自在異鄉奮鬥，選擇在背後默默支持呢？

然而，工作難免有疲勞倦怠的低潮，或是同事之間的相處摩擦，耘綵也不例外；她笑說：「就苦中作樂啊！就像管家，每天都做同樣的打掃工作，為什麼還能堅持？

一方面是公司給的目標、激勵，以及服務負責的心；另一方面，就是要自己從工作中找到成就感及樂趣。」

沒有不能解決的問題 也沒有不能相處的人

讓耘綵印象最深刻的「卡關」困境是「領導力」，帶領的員工許多比她資深，如何與其搭配是學問；當時老闆提醒她，多看對方的優點，找出彼此的默契。現在她懂了「相處難免會有摩擦，可是媽咪樂的原則就是態度柔軟、立場堅定，對事不是對人」。耘綵表示，因為秉持同樣的態度、同樣的目標，所以沒有不能解決的問題，也沒有不能相處的人。

困難無法打敗樂觀進取的人，耘綵用態度證明自己。

跨越職場起落　樂觀邁向未來

林佳靜
◎職稱：南台中分公司儲備幹部
◎到職日：二〇一四年六月二十五日

「我人生很多的第一次、都給了媽咪樂，所以，我從來都沒想過要離開媽咪樂！」南台中分公司儲備幹部林佳靜語氣堅定地說。個性活潑、開朗的她，開心地分享：「我第一次隻身離開高雄故鄉、第一次出國、買下人生第一輛車，全都是因為媽咪樂！」進入媽咪樂任職甫滿三年的佳靜，談起了媽咪樂，只有滿滿的感激與感恩，然而，她也在這裡嚐到了人生的大起大落。

歷經生死關卡 凡事盡其在我

自認個性內向，因此佳靜在大學期間就到處打工，希望藉由工讀的磨練，讓自己融入團體，並且累積日後進入職場的經驗與人脈。然而，她卻沒有預料到，大三時的一次家教經驗，竟然遇上大火肆虐，差點賠上一條小命，但也因為歷經這樣的生死劫難，重獲新生的佳靜，從此改變人生態度，遇事不再躊躇猶豫，而是積極向前，認為「凡事只要自己想做，沒有什麼是做不到的」！

火災之後，原本就會善用時間的佳靜，更懂得分配時間，將時間切割得更加清楚；雖然家裡並未給予經濟壓力，但她仍將時間排得滿滿的，沒課就安排至速食店當班，晚上則去當家教或餐廳打工，週末假日還兼職導遊，甚至選舉期間還幫忙開競選宣傳車，日子過得相當充實。

大學畢業，正式踏入職場，佳靜仍是從事與人接觸的服務工作，同樣身兼數職，好學的她，對於每一項工作都積極投入，並以學習的態度來面對，貪婪地汲取相關經驗，增廣見聞與閱歷，並且培養妥善處理事務的能力。

偶然間，她得知媽咪樂的工作，除了認同清潔產業的未來願景，更是充滿了高度的好奇心。「現代多是雙薪家庭，忙碌且無暇打掃家務，所以清潔產業必是未來的趨勢，極具發展潛力！」佳靜說：「以前學過室內設計，好奇許多裝潢得美輪美奐的居家環境應該如何清潔維護？由於以前未曾接觸過這行業，什麼都不懂，也就抱持著『歸零』的心態來學習。」

認真投入媽咪樂　以行動感動管家

二〇一四年六月底，佳靜正式進入媽咪樂，在南高雄分公司擔任客服行政專員，認真學習，並成為管家與客戶間的橋樑，經常主動拜訪定期服務的客戶、為管家篩選客戶。「其實我在新人時期，衝擊最大的是對居家清潔藥劑的認識，那時才知道藥劑的種類原來有那麼多項，而坊間有些藥劑竟然會對人體健康和和環境污染，造成那麼大的危害！所以，我們的工作不僅維持居家環境的整潔，更能夠維護客戶的健康。」

工作十分投入的佳靜，開心地學習許多新的居家清潔專業知識，最讓她感到特別的是，當佳靜來到客戶家裡，有些董娘身分的客戶會詢問種種清潔的方法，常令她這位小女生受寵若驚，更迫使自己像海棉一樣多方吸取公司的專業知識。

不過，家人剛開始知道佳靜轉換工作，還是進入清潔產業時，都頗感訝異，甚至以為她要去當清潔人員，媽媽納悶地問：「自己家裡都不打掃了，還去幫人家打掃哦！」但日子一久，家人知道佳靜對工作的執著，態度也就從疑惑轉趨認同了。

然而，初期有位金牌管家並不看好她，佳靜說：「當我邀這位金牌管家加 Line 成為好友時，她沒有立刻答應且淡淡地對我說『誰知道你會做多久』！對於相信『只要努力，沒有做

不到』的我，自然不會服輸，於是想盡辦法和管家們互動。」為了爭取資深管家的認同，佳靜不僅花時間學習打掃技巧，也努力經營和管家們的關係，每天打電話噓寒問暖；甚至捲起袖子，跟著管家打掃，就這樣慢慢感動了眾人，逐漸融入團體中。

隻身調至北台中　用心適應新生活

由於績效表現優異，短短不到三個月的時間，佳靜就被外派到北台中分公司擔任儲備幹部。一個新人能獲得高層的賞識與肯定，快速晉升管理階層，讓佳靜感到榮耀，但是，她從沒離開過高雄故鄉，就這麼隻身北上台中就職，也不

免感到惶恐；幸好時間規劃能力極強的她，沒多久，工作就逐漸上手了，加上同在台中服務的同事丞妏與月玲的熱情相挺，讓人生地不熟的佳靜，很快就適應了台中的生活。

記得二〇一四年九月，在公司內部訓練課程上，佳靜原本以為只要聽老師上課就好，沒想到，老師卻要她上台分享業績話術。在人群中可以侃侃而談，不料拿了麥克風卻說不出話來，佳靜緊張到當場淚灑講台！此時，丞妏在課堂上不斷地運用卡內基原則給予鼓勵，帶領她慢慢走出上台講話的陰霾；事後雖然覺得自己很丟臉，卻因此結識了丞妏，兩人後來就成了無話不談的好朋友、好同事。而佳靜自從上過卡內基課程後，現在已克服上台的恐懼症，在工作壓力大時，也會主動尋求卡內基老師的協助，再度找回動力，解決困難。

深知「帶人要帶心」的道理，為了營造北台中駐點如家般的溫暖，佳靜經常煮一鍋熱湯，讓管家一進門就有熱湯可以暖胃、暖心；管家到固定客戶家打掃時，佳靜也會不定期上門關心，只要見到管家就是一個大擁抱，也會帶點糖果、飲料來為她們打氣。

短期創造業績激增　忽略管家失去信賴

給予管家們家的溫暖，佳靜對管家們更恪守「安全第一」的最高指導原則。曾有位管家在客戶家清潔浴室時，不小心跌倒撞到頭，佳靜一接到管家來電，立即聯絡本身是醫療人員的客戶，請其協助叫救護車，並且經管家同意聯絡家人，同時安慰管家好好休養，亦妥善處理後續問題；後來管家的媽媽還特地前來致謝，表示媽咪樂真是家不錯的公司，懂得站在員工的立場並體諒其感受。

媽咪樂北台中分公司就在佳靜的貼心帶領下，僅僅一年多的時間，管家就由九個增加到廿七個，客戶群也從一百多人激增到兩百多人！不過，也因為客戶與管家倍數增加，佳靜得花更多時間處理事務，反而無心關心管家們的需求，更遑論經營往昔那種溫馨互動與真情關懷的感覺。

結果，缺乏溫暖的管家感覺被忽略，且不滿一些向佳靜反映的問題總被延遲處理，最後竟演變成接二連三地離職，客戶群也開始流失；在業績持續衰退的狀況下，佳靜被調回高雄，自覺先前所有的努力皆付之一炬，造成她嚴重的挫折感！

事後回想起來，佳靜反省道：「那時自己為了衝業績，到後來反而忽略了管家們的需求和感受，並且漠視他們最在乎的薪水與放假問題，方才一點一滴失去了管家們對我的信任感。」

重整心態再出發　像野雁彼此鼓舞

重回南高雄分公司，佳靜內心難免惆悵，尤其是剛回來的那個星期，整個人如同刺蝟般，遇事立即劍拔弩張。「那時南高還有三位夥伴——對人柔軟與敏銳兼具的素美經理、充滿耐心傾聽的泰芸，以及做事按部就班、負責盡職的家霓，各有其強項，而我的個性一向比較容易往前衝，又長期秉持『凡事只要自己想做，沒有什麼是做不

到的』的信念，起初固執地堅持自己的想法和做法，難免對其他夥伴造成困擾，事後回想起來真是充滿感謝。後來，我轉換角度思考，其實公司將我調回高雄，也是幫忙紓解壓力，避免被接踵而來的問題壓垮，現在的我應該調整情緒和態度，去適應團體作業，雖然很多事情自己獨自做得到，但有了夥伴，相信一定會做得更好！」佳靜笑著說。

如同野雁飛行，朝著共同的目標一致向前，並且互相鼓舞。「當時我就像受傷的野雁，落在隊伍後面，帶頭領隊的老闆並沒有放棄我，反而派幾名夥伴來協助我、扶持我，讓我可以療好傷、調整好節奏，一起完成飛行。」逐漸感受到老闆的用心良苦，且願意重新惠予寶貴機會，佳靜滿懷感恩，並且學習夥伴們的優點，彼此鼓舞，更懂得「停、看、聽」，不再像以前一樣，多半是自己悶著頭往前衝。

重返台中更上層樓　永據心中無形力量

公司也感受到佳靜的改變，二〇一七年四月，再度將她調至台中擔任儲備幹部。

重拾自信的佳靜，很感謝一路協助她的貴人，更感恩蔡董事長和龍總經理，特別是北台中金牌管家女晏，曾經成為她背後最堅強有力的力量，從旁協助管家的教育訓練，讓她可以放心在前面衝業績；而佳靜也更積極用心地幫管家尋找優質客戶，在努力創造好業績的同時，也不忘維護管家，更主動幫管家與客戶溝通，例如：樓層分區清潔規劃，避免管家到了客戶家之後，壓力過大或過度操勞。

即將在明年與相戀多年的男友步入禮堂，佳靜露出甜蜜的笑容，未來的另一半是位個性成熟的人，不但會在她面對逆境時為她打氣、給予寶貴建議，還會導引正向思考，並且尊重她的決定；掩不住新嫁娘的喜悅之餘，佳靜也肯定地說：「即使身為人妻，我還是會繼續在媽咪樂工作，除了認同產業的未來趨勢，這裡大家相處就如同我的家人一般，永遠是我心中無形的力量！」

國家圖書館出版品預行編目資料

職場快樂工作學：職場人的幸福選擇 / 蔡韻秋著.
-- 初版. -- 台北市：商訊文化, 2017.10
面；　公分. --（生活系列；YS02118）
ISBN　978-986-5812-65-2（平裝）

1.職場成功法

494.35　　106014138

商訊文化
生活系列 | YS02118

職場快樂工作學
——職場人的幸福選擇

作　　者／蔡韻秋
出版總監／張慧玲
編製統籌／翁雅蓁、吳孟修
責任編輯／翁雅蓁
編　　輯／葉宇樺
封面設計／李結唯
內頁設計／王麗鈴
採訪撰稿／彭靜文、曾麗芳、羅苑容
校　　對／吳錦珠、王盈婕

出 版 者／商訊文化事業股份有限公司
董 事 長／李玉生
總 經 理／李振華
行銷副理／羅正業
地　　址／台北市萬華區艋舺大道 303 號 5 樓
發行專線／ 02-2308-7111#5607
傳　　真／ 02-2308-4608

總 經 銷／時報文化出版企業股份有限公司
地　　址／桃園縣龜山鄉萬壽路二段 351 號
電　　話／ 02-2306-6842
讀者服務專線／ 0800-231-705
時報悅讀網／ http://www.readingtimes.com.tw
印　　刷／宗祐印刷有限公司

出版日期／ 2017 年 10 月　初版一刷
定價：280 元